New Media 新媒体·新传播·新运营 系列规划教材

H5
设计与运营

视频指导版

余兰亭　万润泽 ◎ 主编

吴博　邓满　付威 ◎ 副主编

人民邮电出版社

北京

图书在版编目（CIP）数据

H5设计与运营：视频指导版 / 余兰亭，万润泽主编
. -- 北京：人民邮电出版社，2020.4（2023.1重印）
新媒体·新传播·新运营系列规划教材
ISBN 978-7-115-53498-9

Ⅰ．①H… Ⅱ．①余… ②万… Ⅲ．①超文本标记语言
－程序设计－教材 Ⅳ．①TP312.8

中国版本图书馆CIP数据核字(2020)第037534号

内 容 提 要

在移动社交媒体爆棚的时代，H5 以其独特的形态，在资讯传播、用户互动、信息可视化等方面具有无可比拟的优势，能够帮助企业与用户迅速建立情感联系，帮助用户加深对品牌和产品的认知，已成为当下重要的信息传播渠道与手段之一。本书从 H5 运营与设计入手，系统地介绍了 H5 的开发流程与策略，以及 H5 页面风格设计、图文设计、影音设计、动效设计、创意优化和推广引流等知识。

本书内容新颖，结构清晰，既适合各个行业的 H5 设计人员、新媒体广告美工，以及 H5 设计初学者和爱好者等阅读学习，也可作为本科院校及职业院校新媒体相关专业的教学用书。

◆ 主　　编　余兰亭　万润泽
　　副主编　吴　博　邓　满　付　威
　　责任编辑　古显义
　　责任印制　王　郁　马振武

◆ 人民邮电出版社出版发行　北京市丰台区成寿寺路 11 号
　　邮编　100164　电子邮件　315@ptpress.com.cn
　　网址　http://www.ptpress.com.cn
　　临西县阅读时光印刷有限公司印刷

◆ 开本：700×1000　1/16
　　印张：14　　　　　　　　　　2020 年 4 月第 1 版
　　字数：282 千字　　　　　　　2023 年 1 月河北第 5 次印刷

定价：59.80 元

读者服务热线：(010)81055256　印装质量热线：(010)81055316
反盗版热线：(010)81055315
广告经营许可证：京东市监广登字 20170147 号

前　言

随着移动互联网的兴起，在媒介技术和泛在网络基础上发展起来的H5，以其沉浸式的传播形态，形成了以用户为中心的传播模式，能够为用户呈现个性化的定制内容，成为企业或品牌的重要信息载体和推广方式。随着手机硬件的不断升级，H5技术的迅速发展，以及微信等新媒体平台的开放，H5的强互动、可监测、跨平台、易传播、低成本、快迭代等优势还会进一步凸显，这对于提升媒体品牌价值、企业产品调性都是非常有利的，于是无论是网络媒体还是移动广告，都对这种形式倍加青睐。

如今，媒体已经从过去的简单叠加逐步走向融合。在媒体融合发展的过程中，随着技术的不断更新，媒体内容形式也在不断推陈出新。H5支持丰富的媒体形式，包括文字、图片、音视频、网页、全景、直播、图表等，这些媒体形式能够为用户带来丰富的浏览体验，并能够与用户形成良好的互动，可以说H5是移动互联网时代非常适合媒体内容创新的技术。

从2014年的初露锋芒，到2018年的全面爆发，H5现在几乎占据了互动营销的半壁江山。H5注重场景体验，具有开发周期短、传播范围广、传播速度快、开发成本小、形式多样等特点，能够为企业和品牌带来巨大的流量，因此成为企业利用新媒体营销的首要选择。

为了更好地帮助读者掌握H5运营与设计的各种方法与技巧，我们组织策划并编写了本书。本书理论与实操相辅相成，共分为10章，内容包括H5概述，开发H5的流程与策略，H5页面风格设计，H5页面图文设计，H5影音设计，H5页面动效设计，H5创意优化，易企秀H5编辑器的使用方法，使用易企秀制作翻页型、长页型、表单型、互动型与视频型H5，以及H5的推广引流等。

本书内容新颖、图文并茂、案例丰富，主要具有以下特色。

● 强化应用、注重技能：本书以行业应用为导向，从开发流程到应用策略，从风格设计到图文设计，从影音设计到动效设计，从创意优化到工具使用，从案例制作到推广引流，突出了"以应用为主线，以技能为核心"的编写特点，体现了"导教相融、学做合一"的教学思想。

● 案例主导、学以致用：本书具有很强的指导性，囊括了大量H5运营与设计的精彩案例，并详细介绍了案例操作的方法与过程，使读者通过案例实操真正达到学以致用的目的。

● 图解教学、资源丰富：本书采用图解教学的体例形式，以图析文，让读者通过直观、清晰的方式掌握H5运营与设计的方法与技巧。同时，本书还提供了丰富的教学配套资源，其中包括PPT、教学大纲、教案、微课视频、案例素材、习题答案等，选书老师可以登录人邮教育社区（www.ryjiaoyu.com）下载获取。同时，扫描封面上的二维码或者直接登录"微课云课堂"（www.ryweike.com）后，用手机号码注册，在用户中心输入本书激活码（0a2ddc70），将本书包含的微课资源添加到个人账户，获取永久在线观看本课程微课视频资源的权限。

本书由余兰亭、万润泽担任主编，由吴博、邓满、付威担任副主编。书中如有疏漏与不足之处，敬请广大读者批评指正。

编　者
2019年12月

目录

第1章

H5

强互动的微场景体验

🔍 **学习目标**

- ✈ 认识H5。
- ✈ 了解H5与App的区别。
- ✈ 了解H5营销的优势。
- ✈ 了解H5的应用场景。
- ✈ 了解H5的应用类型。

　　与传统广告媒介相比，H5具有开发周期短、传播范围广、传播速度快、开发成本小、形式丰富等优势，因此H5已经成为如今新媒体营销的首要选择。本章将引领读者一起了解什么是H5，H5营销的优势，以及H5的应用场景与应用类型。

1.1 什么是H5

在互联网传播领域，H5 开启了交互式广告时代，也让用户逐渐成为广告的参与者，大大提升了广告传播的精准性和有效性。那么，H5 到底是什么？它与 App 有什么区别呢？

1.1.1 认识H5

H5 有广义和狭义之分，下面将分别对其进行介绍。

1. 广义上的H5

广义上的 H5，就是指第五代"超文本标记语言"（Hyper Text Markup Language5，HTML5），也指用 H5 语言制作的一切数字产品。我们上网所看到的网页，多数是由 HTML 代码写成的。"超文本"就是指页面内可以包含图片、链接，甚至音乐、程序等非文字元素，而"标记"指的是这些超文本必须由包含属性的开头与结尾标志来标记。浏览器通过解码 HTML，就可以把网页内容显示出来。

在 H5 之前，网页的访问主要是在计算机上进行。但随着智能手机的迅速普及，互联网的访问已经从计算机逐渐转移到移动设备，上网方式的变更推动了相关技术的发展。

H5 最重要的特性就是增强了对移动设备的支持。我们可以利用它开发出更符合移动端操作的界面，调用手机特殊硬件的支持。现在 H5 之所以会引发人们的广泛关注，根本原因在于它不再只是一种标记语言，而是为下一代互联网提供了全新的框架和平台，包括提供免插件的音频/视频、图像动画、本体存储，以及其他更多重要的功能，并使这些应用标准化和开放化。

2. 狭义上的H5

狭义上的 H5，是指互动形式的多媒体广告页面，它是和移动互联网一起发展起来的。H5 最显著的优势在于它的跨平台性，用 H5 搭建的站点与应用可以兼容 PC 端与移动端、Windows 系统、Linux 系统、安卓系统与 iOS 系统。它可以轻易地被移植到各种不同的开放平台与应用平台上，打破了平台各自为政的局面。这种强大的兼容性可以显著降低站点与应用的开发与运营成本，让企业特别是创业者获得更多的发展机遇。

此外，H5 的本地存储特性也给用户带来了更多的便利性。基于 H5 开发的轻应用比本地 App 拥有更短的启动时间和更快的联网速度，而且无须下载占用存储空间，特别适合手机等移动媒体。H5 让开发者无须依赖第三方浏览器插件即可创建高级图形、版式、动画及过渡效果，这也能让用户用较少的流量就可以欣赏到炫酷的视觉与听觉效果。

1.1.2　H5与App的区别

为了进一步认识 H5，下面将介绍 H5 与应用软件（Application，App）之间的区别。

1．App和H5的优势和劣势

App 是指运行在智能移动终端上的第三方应用程序，在智能手机上运行的 App 应用程序又分为基于本地操作系统运行的 Native App 和基于浏览器运行的 Web App。其中，Native App（原生 App）就是我们通常所理解的 App，它具有很强的交互性，可拓展性强，需要下载安装使用。下面所介绍的 App 与 H5 的区别指的是原生 App 与 H5 的区别。

App 的优势与劣势如表 1-1 所示。

表 1–1　App 的优势与劣势

优势	劣势
·性能稳定、操作速度快，上手流畅； ·可以直接访问本地资源，如通讯录； ·可以实现很多设计出色的动效； ·拥有系统级别的贴心通知或提醒，用户体验好	·开发成本高：不同的平台有不同的开发语言和界面适配，如 iOS、Android； ·维护成本高：例如，某款 App 已更新至 V5 版本，但仍有用户在使用 V2、V3、V4 版本，需要更多的开发人员维护之前的版本； ·更新较缓慢：App 更新需要经过复杂的流程，如提交、审核、上线等流程，且 iOS 平台和 Android 平台相比，审核更复杂，时间也更长

H5 是采用 HTML5 写出的页面（即 Web App），不需要下载安装，是生存在浏览器中的应用，需要通过浏览器和系统进行交互，因此受限于网速和设备硬件，App 与 H5 的区别如图 1-1 所示。但随着网速的不断提高与硬件性能的不断提升，H5 在速度、稳定性、流畅度等方面和 App 越来越接近。

图1–1　App与H5的区别

HTML5 作为一门重要的开发语言，有着显著的优势，其开发速度快、运行效率高、安全性好、可扩展性强、开源自由等。与手机端 App 相比，H5 具有以下优势和劣势。

（1）H5 的优势

- 制作及传播成本低：H5 制作过程简单，成本低，同时可以跨多个平台和终端，只需要转发就可以转播，降低了传播方面的成本。
- 维护成本低：不需要用户手动升级即可更新，没有维护老版本的成本。
- 更新速度快：不需要经过复杂的上线流程即可更新，便于前期产品的不断试错。
- 本地储存特性：更短的启动时间，更快的联网速度，而且无须下载占用存储空间，特别适合手机等移动设备，客户端资源减少，节约用户存储空间。
- 更容易推广：技术难度低，开发的工作量少，实施周期短，用户接受程度更高。

（2）H5 的劣势

- 受限于移动设备的系统和硬件，很多动效在 H5 上的实现效果不好。
- 只提供临时性的系统入口，无法获取系统级别的权限，如系统弹窗、通知、通讯录等。
- 不稳定性较强，页面跳转时复杂，运行速度容易受网络影响，很容易造成不流畅，甚至出现卡顿或卡死现象。
- H5 页面空间比 App 小，在本身就小的移动设备屏幕中容易造成信息记忆负担。虽然可以利用滚屏扩大页面，但人脑的短期记忆是不稳定的，用户在滚动屏幕的过程中需要临时记忆的信息越多，他们的表现就会越差。
- 导航不明显，原有底部导航消失，有效的导航遇到挑战。
- 交互动态效果受到限制，影响一些页面场景、逻辑的理解。
- 功能实现相比 App 存在差距，用户重复使用难度大，用户黏性差。

H5 的优势是显而易见的，随着微信小程序的推出，H5 的应用将更加广泛。但 H5 的天然缺陷也是无法避免的，我们可以通过交互、UI 的设计来弱化这些缺点，为用户带来更好的产品体验。

2．App中的H5

App 中的一些非核心需求页面可以用 H5 制作，当这些页面需要进行功能调整时，不用跟随版本迭代即可快速更新，如淘宝首页的特色好货、热门市场等栏目。对于阶段性的营销活动页面，特别是功能、布局等经常需要修改的页面，也可以用 H5 来做，如节日的有奖活动页面。

3．H5设计的局限性

App 与 H5 在界面设计上存在很多差异，图 1-2 和图 1-3 所示为天猫 App 与天猫 H5 的首页对比。

图1-2 天猫App首页

图1-3 天猫H5首页

通过对比就会发现，天猫 H5 的首页功能比天猫 App 的首页功能减少了许多，例如，扫一扫、消息功能以及底部导航都没有了，同类的 Banner（专题）广告布局也变得相对简单。H5 界面的顶部的导航条是不可更改的，且底部显示浏览器自身的导航栏。

1.2 H5营销的优势

智能手机的不断普及，移动互联网的快速发展，微信的异军突起，都为 H5 的发展提供了良好的环境。当前，H5 已被广泛应用于营销、广告与传播领域。

使用 H5 进行营销具有以下优势。

1．跨平台

腾讯公司 2019 年第一季度业绩报告显示，截至 2019 年 3 月 31 日，微信及 WeChat 的合并月活跃账户数量达 11.12 亿，超过新浪微博和 QQ，成为国内用户群体较多的社交 App。因为其真实的用户、精准的信息、低获客成本，微信已经成为当下广告主相当注重的"流量洼地"。微信是 H5 传播的重要平台，其高流量势必会带动 H5 营销，而且 H5 是少有的可以在多个平台上完美运行，且能为用户展示丰富内容的广告形式，它的跨平台特性使其覆盖面比传统广告更广，能够为广告主带来更多的流量。

2．低成本

利用 H5 进行营销，企业需要花费的费用只有 H5 的设计成本和维护费用，相较于传统的电视广告、宣传海报、活动展板等营销形式花费的费用要少。目前市场上出现了很多 H5 专业制作平台，如易企秀、人人秀、兔展、MAKA 等，用户只需使用模板进行图文替换，即可快速生成 H5 页面，如图 1-4 所示。

图1-4　使用模板制作的H5

当然，还有一类比较高端的 H5 需要进行定制，仅靠第三方工具是无法完成的。这类 H5 因为涉及程序开发，需要专业团队来完成项目的制作和执行，通常由经验丰富的设计师、程序员和策划人员合作来完成，项目的制作周期也较长，需要的费用也较高。这类 H5 往往会出现爆款，如不断打造爆款的网易 H5（见图 1-5）。

图1-5　网易H5

3．高传播

与传统的地铁广告、Banner、文字广告相比，H5 的展现形式无疑丰富得多，动态的画面、高频的互动、有趣的内容和众多的玩法都更容易让终端用户接受。只要广告主稍加引导，用户就会自发地将 H5 分享给其亲朋好友，随之带来的巨大流量也是传统广告难以企及的。

1.3　H5的应用场景

如今，H5 在微信、微博和各大网站上得到了广泛的应用。H5 具有很强的互动性、话题性，可以很好地促进用户进行分享传播。H5 的应用场景相当广泛，下面将进行简要介绍。

1．商业促销

有些商家通过 H5 来派发产品试用装、会员卡、优惠券等，吸引消费者前往商家实体店进行消费，如图 1-6 所示。这种商业促销形式在传统推广方式的基础上加入网络元素，可以花较低的成本获取更多的客户。

2．互动活动

一些企业利用 H5 开展抽奖、测试、招聘等活动，企业通过 H5 收集用户信息并进行汇总，从而高效地促进活动的进行，如图 1-7 所示。

图1-6　商业促销

图1-7　商业互动活动

3．海报宣传

企业可以通过制作多页面的 H5 海报进行企业文化的宣传和产品的介绍，进行活动推广、品牌推广等，还可以将 H5 海报分享至 QQ、朋友圈等进行全网推广，如图 1-8 所示。

4．活动邀请

企业在举办展会、会议、培训、庆典等活动时，可以通过 H5 进行线上报名，达到快捷的宣传效果，如图 1-9 所示。此外，H5 中包含的文字、图片、视频等信息都可以全方位地展示给报名者。

图1-8　海报宣传

图1-9　活动邀请

5．客户管理

企业通过 H5 线上预约、报名等方式收集客户资料信息并进行分类管理，利用数据来支持营销决策，从而实现精准营销，如图 1-10 所示。

6．电商引流

商家可以通过 H5 将客户引流到淘宝、天猫、京东等电商平台，以充分利用社交网络的低成本流量，如图 1-11 所示。

图1-10 在线预约

图1-11 电商引流

7．分享展示

用户可以将有趣、有用、有料的 H5 通过微信分享给好友，或者直接发到朋友圈中进行展示，提高了分享的即时性，如图 1-12 所示。

8．简历名片

求职者除了运用纸质版简历求职外，还可以创建自己的 H5 简历名片，在其中添加个人信息、图片、音乐、视频等，让面试官全方位地了解自己，如图 1-13 所示。

图1-12 分享展示

图1-13 简历名片

9．节日贺卡

利用 H5 制作的节日贺卡可以给亲朋好友送去祝福，其功能和外观比真实的节日贺卡更胜一筹，用户在贺卡中还可以插入音乐、动态文字、图片、视频等元素，如图 1-14 所示。

10．公益宣传

用户通过 H5 可以做公益活动宣传，不仅能让更多的人了解公益活动的内容，还可以吸引更多的人参与公益活动，如图 1-15 所示。

图1-14　节日贺卡

图1-15　公益宣传

1.4　H5的应用类型

随着 H5 应用的火热，以 H5 传播信息的方式越来越受到年轻人的追捧，也得到了越来越多的企业的青睐。H5 的应用类型多种多样，下面将对其进行简要介绍。

1.4.1　展示类

展示类 H5 是最常见的移动 H5 网页，因其交互形式简单（翻页）、制作快捷，所以应用非常广泛，如邀请函、多媒体新闻、相册、动态海报等，如图 1-16 所示。

图1-16 展示类H5

1.4.2 全景/VR类

随着H5技术的发展与成熟，全景/VR类H5的应用已经成为行业流行趋势之一。全景是指借助手机的重力感应，用户可以滑动手机屏幕或移动手机，查看上下左右720°或360°的画面。这种互动让用户可以看到的视角更大，更有身临其境的体验。这类H5很考验设计师的设计能力，需要绘制很多的图片素材，才能形成层次感。

例如，北京日报联合快手出品的《40年大美时光》、华为荣耀出品的《我的荣耀5G世界》均为全景类H5，用户在旋转过程中点击画面中的提示按钮，就会显示相应的说明，如图1-17所示。

图1-17 全景类H5

1.4.3 视频类

视频类 H5 大多以全屏视频的形式存在，能够减少其他因素对用户的干扰，用户对 H5 的体验不会轻易被中断，而且用视频能够展现出一些 H5 实现不了的特效，结合音乐和音效使用户全身心沉浸。例如，LEXUS 出品的《这是个说不出来的故事》、百度和小度商城联合出品的《全国家长崩溃实录》均为视频类 H5，如图 1-18 所示。

图1-18 视频类H5

1.4.4 动画类

动画类 H5 以全屏动画为主，大多通过讲述故事来吸引用户的注意力，整个动画几乎没有交互（类似动画类视频），或者只使用简单的交互（如点击按钮后继续播放），当故事进入尾声时一般会出现一屏广告画面。例如，腾讯追梦计划联合腾讯游戏出品的助盲公益活动《让爱看得见，宇宙即吾心》、腾讯电竞出品的《都到最好的时刻，你还不上》均为动画类 H5，如图 1-19 所示。

图1-19 动画类H5

1.4.5 交互动画类

交互动画类 H5 与动画类 H5 最大的区别就是交互动画类 H5 增加了交互功能，动画的播放是用户进行控制的。例如，一汽大众联合网易新闻联合出品的《下一站，有面儿生活！》、OPPO 出品的《巴斯克维尔的传说》均为交互动画类的 H5，如图 1-20 所示。

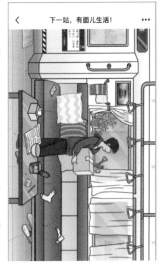

图1-20　交互动画类H5

1.4.6 模拟类

模拟类 H5 曾经很火，主要形式是对各种设备的模拟，如模拟来电、短信、微信聊天界面、微信朋友圈、手机界面、各类 App 等。例如，凯迪拉克出品的《一份特别的中秋礼物，等待接收！》、有道精品课出品的《我提前查到了我的高考分数》均为模拟类 H5，如图 1-21 所示。

图1-21　模拟类H5

1.4.7 合成类

合成类 H5 一般以恶搞、幽默、新奇等形式居多，用户上传图片合成与明星的合影，或者填写名字生成新闻头条、合成海报、合成证件等。例如，苏宁易购出品的《穿越 70 年，见证大国崛起》、有道精品课和《经典咏流传》节目联合出品的《生成你的专属印章》均为合成类 H5，如图 1-22 所示。

图1-22　合成类H5

1.4.8 数据应用类

数据应用类 H5 是用于数据统计、收集或展示的 H5，其应用场景很丰富，包括抽奖、测试、投票等，创作上的空间很大，但也比较考验设计者的逻辑。例如，网易新闻联合乐敦滴眼液出品的《乐敦护眼工程，开启移动验眼新时代》、腾讯出品的《QQ 个人轨迹》均为数据应用类 H5，如图 1-23 所示。

图1-23　数据应用类H5

1.4.9 游戏类

游戏类 H5 按照用途可以分为两类，一类是纯游戏，如棋牌游戏、吃豆人、钢珠迷宫游戏等；另一类是营销游戏，会在游戏的基础上增加排名设定，在游戏结束时显示导流页。例如，腾讯新闻出品的《垃圾分类大挑战》、京东出品的《你妈来你家》均为游戏类 H5，如图 1-24 所示。

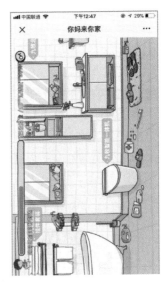

图1-24　游戏类H5

1.4.10 跨屏类

跨屏类 H5 的互动不仅包括用户与 H5 内容的互动，还包括人与人、商家与消费者的互动。它可以是双屏互动，也可以是线下活动互动利器，如大屏投票、评论上墙等。例如，第一个人打开 H5 后，第二个人通过扫描第一个人手机屏幕上的专属二维码，进入 H5 互动场景，如图 1-25 所示。

图1-25　跨屏类H5

1.4.11　综合类

一个优秀的 H5 作品往往综合了多种不同的技术，除了翻页以外，还有点击、输入文字、擦除屏幕、滑动屏幕、重力感应、摇一摇等，玩法非常丰富。例如，腾讯出品的暗室解密游戏 H5《记忆重构》，以真人电影片段作为背景介绍、线索提示和答案揭晓，穿插各种互动效果，让用户达到身临其境的体验感受，如图 1-26 左图所示。

又如，36 氪出品的《没想到明日城》，就是线上问答测试类型的 H5 作品，用户在 H5 中穿梭于"明日城"，对遇到的多个事件进行结果选择，最后生成海报，抽取优惠券，如图 1-26 右图所示。

图1-26　综合类H5

课后习题　↓

1. 简述 H5 是什么。
2. 简述 H5 营销的优势。
3. 简述 H5 有哪些应用类型。

第2章

运营规划

开发H5的流程与策略

 学习目标

- ✈ 了解开发H5的基本流程。
- ✈ 掌握H5开发的细节规范。
- ✈ 掌握打造爆款H5的策略。

　　开发 H5 的基本流程主要包括对接需求、项目策划、视觉设计、技术开发等。本章将从 H5 开发过程中角色分工的角度介绍 H5 开发的基本流程，需要注意的细节规范，以及如何打造爆款 H5 等知识。

2.1 开发H5的基本流程

在一个完整的 H5 开发项目中，主要包含 4 个角色：项目经理、策划、设计和开发。下面将从角色分工的角度引领读者了解 H5 开发的基本流程，如图 2-1 所示。

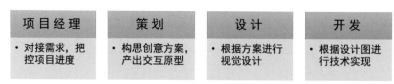

项目经理	策划	设计	开发
• 对接需求，把控项目进度	• 构思创意方案，产出交互原型	• 根据方案进行视觉设计	• 根据设计图进行技术实现

图2-1　H5开发角色及分工

1. 项目经理：统筹全局

项目经理是一个统筹全局的角色，当有开发需求时，项目经理负责与客户沟通对接，然后将需求传达给负责项目的成员，同时把控项目的整体进度。项目经理首要先要对项目需求进行分析，可以利用 5WH 产品需求分析法来拆分项目需求，如图 2-2 所示。

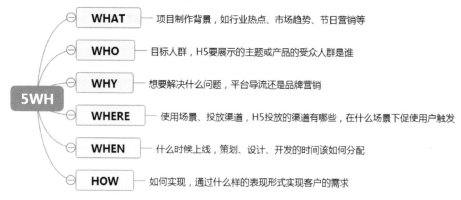

5WH
- **WHAT** —— 项目制作背景，如行业热点、市场趋势、节日营销等
- **WHO** —— 目标人群，H5要展示的主题或产品的受众人群是谁
- **WHY** —— 想要解决什么问题，平台导流还是品牌营销
- **WHERE** —— 使用场景、投放渠道，H5投放的渠道有哪些，在什么场景下促使用户触发
- **WHEN** —— 什么时候上线，策划、设计、开发的时间该如何分配
- **HOW** —— 如何实现，通过什么样的表现形式实现客户的需求

图2-2　利用5WH产品需求分析法拆分需求

通过以上 6 个维度的产品需求分析，项目经理可以了解客户对项目的需求，同时规划项目周期，安排时间节点，对项目进行把控。在项目执行过程中，项目经理应积极与策划、设计、开发人员进行沟通，有效协调上下游工作，推动项目进度，做好项目管理，完成项目目标。

2. 策划：方案制作

项目经理与客户沟通好项目需求后，将其传达给策划人员，策划人员即可根据项目需求开始进行方案制作。对于常规的项目，策划人员可以先提供几个方向以供选择。选定一个方向后，策划人员再对方案进行细化。在制作方案的过程中，策划人员经常会使用下列工具，如图2-3所示。

图2-3　H5策划常用工具

- PowerPoint

PowerPoint 是 Windows 系统中常用的演示软件，策划人员可以利用 PowerPoint 软件中的矩形、线条等工具绘制基础原型图，利用文本工具进行标注，使用超链接和动画进行动画演示。但是，PowerPoint 软件关于交互的文字说明，对于制作 H5 触发跳转动画来说不是很方便。

- Keynote

Keynote 是 Mac 系统中的一款演示软件，与 PowerPoint 的功能类似，但仅支持 Mac 系统。

- Axure

Axure 是一款专业的原型绘制工具，策划人员利用它可以进行原型图绘制，建立 H5 交互，还可以进行共享演示。但它不便于其他成员批注与修改，对于新手来说需要一些时间学习其操作方法。

- 墨刀

墨刀是一款在线原型设计与协同工具，便于策划人员共享演示，对于新手来说也需要一定的学习时间才能上手操作。

- Word

策划人员使用 Word 可以绘制原型，但无法制作链接跳转，使用 Word 主要是为了展示文字。

在常规的 H5 开发过程中，策划人员更多以 PowerPoint 作为工具绘制 H5 原型图，因为 H5 对原型图（见图 2-4）的需求并不高，且 PowerPoint 易于上手，便于演示和修改。但当 H5 设计逻辑较为复杂，对原型图要求较高时，可以优先考虑使用 Axure 或墨刀进行绘制，以便与设计及开发人员进行演示和沟通。

有些 H5 是纯动画展示，需要做出分镜脚本，这时就需要策划人员和设计人员配合做出输出方案。如果策划人员对 H5 要求不高，也可以找一些相关的图片进行替代，重要的是策划人员要阐述清楚自己想要表达的思路。

页面标题：XXXXXX

画面内容：对展示内容进行描述

文案内容：页面展示文案

交互描述：页面动画描述、交互描述

图2-4　原型图

策划人员在进行创意输出时，需要与设计、开发人员积极地进行沟通，例如，场景如何构思展示，技术上能否实现，这样才能确保后续方案的落地实施。

3．设计：视觉设计

当方案确认以后，就要由设计人员来执行。H5的设计需求一般分为图文展示、卡通插画、照片合成、视频动画、全景交互等。在接到设计需求后，可以先做好以下工作。

- 认真看完策划方案，理清跳转逻辑和需要设计的内容，若有问题可以分条列出，然后与项目经理、策划人员进行沟通并确认具体内容。
- 确认设计风格，在策划人员出方案时，有些策划人员会提供明确的视觉风格，有些则是比较模糊的，这时设计人员需要确定风格后再开始动手设计。

在设计过程中，一定不要盲目地做，也不要一次性做完全部页面，而是先沟通确认需求，然后做出 demo（样片），确认风格后再进行下一步，这样可以提高工作效率。在制作 demo 时，可以优先选择 H5 首页或者较为重要的页面进行视觉设计。在设计风格上要契合产品调性和受众喜好，同时也要考虑品牌文化展示的需求等。

除了视觉展示外，一些 H5 还包含动效和音乐。动效部分如果是非视频植入，建议绘制逐帧图并交给开发人员来实现，在绘制时也需要和开发人员提前沟通要实现的动画效果。如果页面动画的呈现由设计人员自己把控，那么在设计结束后，建议设计人员撰写动画页面展示效果说明，一起交给开发人员，以避免反复沟通。

对于设计尺寸没有定论的情况，有些公司用 iPhone 6 或 iPhone X 的手机屏幕尺寸进行设计，这些可以和开发人员进行沟通，根据实际情况进行设计。

4．开发：技术开发、测试、上线、数据监控反馈

设计人员确定设计稿后，就需要交给技术人员进行开发，具体开发过程不再赘述。当 H5 制作完成后，技术人员可以与制作团队一起进行测试。测试维度主要有以下三个方面。

（1）视觉还原度，即视觉效果的还原度，与设计稿越接近越好。

（2）音效、动效配合及实现。

（3）体验是否流畅。

这是一个反复确认的过程，当一切准备完毕，就可以等待 H5 上线了。H5 上线后，还需要对 H5 数据进行监测，了解 H5 的打开率、转换率等数据，对用户的行为数据进行分析。在开发时需要对 H5 做好数据埋点（一种私有化部署数据采集方式），一般可以选择友盟、神策、百度移动统计、GrowingIO、TalkingData 等在线工具进行数据监控。图 2-5 所示为友盟数据分析平台。

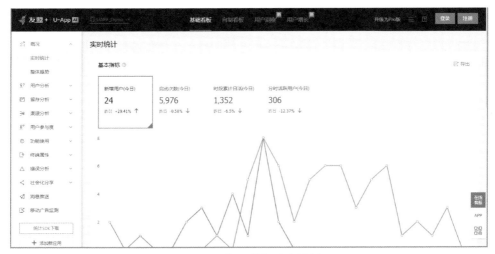

图2-5　友盟数据分析平台

当整个 H5 活动结束后，项目经理可以对 H5 数据进行复盘，分析是否达到最开始提到的 5WH 产品需求，以及是否达到策划人员的预期目标。

通过对项目经理、策划、设计、开发四个角色进行分析，我们可以了解 H5 的制作流程，如图 2-6 所示。具体的工作流程和职能划分也可以结合自己的实际情况进行调整，但"万变不离其宗"，做任何项目都需要理清需求，把控好项目进度，积极沟通反馈，更要学会总结复盘，对项目进行回顾反思，总结经验。

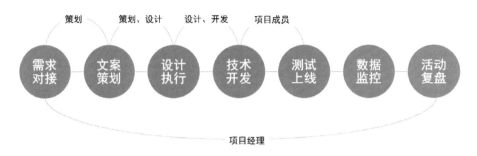

图2-6　H5的制作流程

2.2　开发H5的细节规范

　　下面将介绍在开发 H5 时应注意的细节规范，如选择合适的浏览器，页面尺寸匹配手机屏幕，优化设计细节，以及 H5 的性能优化设置等。

2.2.1　选择合适的浏览器

　　H5 的制作都是在线上完成的，需要通过网页浏览器进行编辑操作。我们日常使用的浏览器多为 IE 浏览器或 360 浏览器，但在 H5 的制作过程中建议使用 Google Chrome 浏览器，因为它在所有浏览器中对 H5 的兼容性最好，Google Chrome 浏览器首页如图 2-7 所示。

图2-7　Google Chrome浏览器

　　安装 Google Chrome 浏览器后，会发现默认的搜索引擎无法使用，此时可以对浏览器进行设置，将默认的搜索引擎改为"百度"即可，如图 2-8 所示。

图2-8　更改搜索引擎

2.2.2　页面尺寸匹配手机屏幕

由于手机的种类繁多，不同品牌、不同种类手机的屏幕分辨率也存在一定的差异，所以 H5 的设计与开发应根据用户行为及设备环境（系统平台、屏幕尺寸、屏幕定向等）进行相应的调整。在设计 H5 页面尺寸时，应尽量适配以下机型。

对于安卓系统，主流品牌为华为、OPPO、vivo 和小米。在设计 H5 时，有的设计人员喜欢把画布分辨率设为 1080 像素 ×1920 像素，有的喜欢把画布分辨率设为 720 像素 ×1280 像素，这样给出的界面元素尺寸就不统一了。Android 的最小点击区域尺寸是 48dp×48dp，这就意味着在 xhdpi（720 像素 ×1280 像素）设备上的按钮尺寸至少是 96 像素 ×96 像素，而在 xxhdpi（1080 像素 ×1920 像素）设备上则是 144 像素 ×144 像素。

在此建议开发人员在 xhdpi 下作图，因为这个尺寸在 720 像素 ×1280 像素下显示完美，在 1080 像素 ×1920 像素下看起来也比较清晰，且图片大小适中。并且在这个分辨率下，Android 系统的像素计量单位 dp 与像素（px）之间的换算比较简单（1dp=2px）。

对于 iOS 系统，目前几款主流的机型为 iPhone 7 plus、iPhone 8 plus、iPhone X 和 iPhone XR。对于 H5 设计人员来说，需要以 iPhone X 的屏幕尺寸（750 像素 ×1624 像素）来进行开图，去除头部 128 像素的白色导航条。内容区域按照 750 像素 ×1448 像素尺寸进行作图，重要内容（如按钮，重要的视觉原点等）不要放到非安全区域中，否则在进行前端布局时可能出现内容显示不全的情况。这时需要设计可裁切的部分来填充空白区域，如图 2-9 所示。

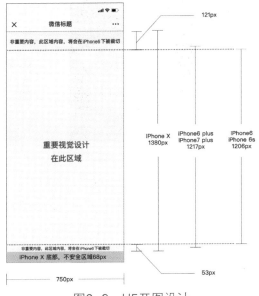

图2-9　H5开图设计

在制作设计稿时，设计人员应该把原型稿上的所有尺寸进行 2 倍处理，以保证设计稿在移动设备上浏览时足够清晰。而在前端切片时，按照当下流行的做法，可以直接使用原型稿上的尺寸，也就是设计稿上的 1/2。

2.2.3　优化设计细节

在 H5 设计中有很多细节都有优化的空间，如提示、分享浮层、文案、返回按钮、分段、彩蛋等。

1．设置提示

有些 H5 页面在展示时，如果手机屏幕处于横屏或竖屏状态，页面的整体显示效果会很差，这时就需要设置相应的提示，告诉用户怎样浏览页面才是正确的方式。例如，可以使用 HTML5 的重力感应属性实现旋屏提示，由 HTML5 重力感应获取当前手机屏幕的所处状态，当屏幕旋转了 0 度或 180 度时，旋屏提示层隐藏；当屏幕向右旋转 90 度或向左旋转 90 度时，旋屏提示层显示。

还有一些 H5 运用了非常规的交互手段，在设计时也必须做好交互提示。例如，长按按钮播放 H5 松开即停止，点击特定的按钮继续播放，在画面上左右滑动手指进行动画交互等，如图 2-10 所示。

图2-10　带有提示信息的H5

2．设计分享浮层

在 H5 的分享页面中，如果没有进行分享设计，一般需要通过文案说明如何分享 H5。这时可以通过创建一个浮层来引导用户点击分享，当用户点击分享按钮后，显示这个浮层，在这个浮层中可以加入 H5 主题元素，促使用户分享，如图 2-11 所示。比起一个简单的箭头或一句"点这里分享"文案，这种用心的细节设计带来的高品质和好感度是显而易见的。

图2-11　设有分享浮层的H5

3．文案符合主题

H5中一般都会有"点击开始""分享""再看一遍""查看详情"等按钮，如果在文案设计上只采用"开始""分享""返回""查看详情"这样的文案，虽然表达上没有问题，但缺乏趣味性。

设计师在文案设计上，应符合H5的主题，例如，在《野生大熊猫保护行动》H5中，将"分享"按钮文案变为"召唤更多守护者"；在《丈母娘的这笔账，我记下了》H5中，将"分享"按钮文案变为"让身边的人都当好女婿"；在《了不起的青年》H5中，将"重新开始"按钮文案变为"再次追梦"，这样的设计让整个H5更加生动有趣，如图2-12所示。

图2-12　文案要符合主题

4．返回按钮设置

用户在微信上观看H5时，虽然导航栏中提供了"返回"和"关闭"按钮，但这些按钮不一定适合所有的 H5 页面，有时点击导航栏中的"返回"按钮会直接退出 H5。有些 H5 页面有多个层级，在较深的层级中应设计一个"返回"按钮，点击该按钮后即可返回上一层级，如图 2-13 所示。

图2-13　带有"返回"按钮的H5

5. 分段设置

一般情况下，设计师最好把 H5 的页面数量控制在 10 页之内，但内容较多的 H5 往往会超过 10 页，这时就需要对 H5 做分段处理，如设置目录。例如，京东宠物 618 出品的《自从有了猫》H5，通过还原有猫之后猫奴的经历来打动消费者，进而宣传促销活动。整个 H5 的内容比较多，一共分为五个章节："动心""良辰""裂痕""相守"和"尾声"，如图 2-14 所示。

腾讯视频出品的《2018 腾讯视频年度指数报告》H5，通过"电视篇""节目篇""电影篇""音乐篇""动漫篇""doki 篇"六个方面（见图 2-15），分析了 2018 年腾讯视频领域的现状及发展，用户点开每一篇后都需要单独进行加载。

图2-14　《自从有了猫》H5　　　　图2-15　《2018腾讯视频年度指数报告》H5

6．增加彩蛋

在影视剧中，往往会在片中增加一些隐藏的彩蛋，或者在片尾增加彩蛋，让观众觉得惊喜和快乐，以达到幽默、诙谐、富有情趣和意味深长的效果。在H5中同样可以增加一些彩蛋，以提升用户的好感度。

例如，抖音出品的《DOU知计划》H5用探秘的形式邀请用户过关，最终找到终极问题。屏幕上显示几个3D的星球，点击即可打开星球并显示问题，答案就在一个小型的3D场景内，如图2-16所示。用户点击场景中的物体，物体就会产生一些形态和声音上的有趣的动效，例如，点击钢琴的琴键，会自动弹奏并发出钢琴声；点击望远镜，会出现一个星球并跳出可爱的外星人等。

又如，百度联合小度商城出品的视频类H5《全国家长崩溃实录》，其中罗列了不同地区的家长指导孩子写作业时那些让人崩溃的瞬间，最后给出解决方案。在该H5的分享页面中点击"竟然还有彩蛋"按钮，会播放一段有趣的彩蛋视频，如图2-17所示。

图2-16　《DOU知计划》H5　　　　　图2-17　《全国家长崩溃实录》H5

再如，360联合Bottle Dream在世界地球日之际推出的公益类H5《突然掉进安全感黑洞》，呼吁人们保护环境，爱护濒危动物。该H5的内容设计非常巧妙，首先从人们生活中最常见的问题出发，如房东涨房租、被领导训斥、找不到朋友聊天等，让用户对相应的问题做出选择。后半段的视频突然把描述对象转向动物，当人类觉得生活的不确定性会让自己觉得不安的同时，人类给予动物的不安全感则更为严重，由此引申出人类的行为对濒危动物造成的伤害。人类的生活还能选择，但动物们无法选择，而且无能为力。最后，生成了一张"安全感守护者"的图片，图片上还显示了用于传播H5的二维码。

在 H5 的最后一页，点击左上方的 ▶ 按钮，还会随机播放一段视频，讲述"你的不安与某种动物相似"，然后显示要守护的这种动物，进一步呼吁人们要保护环境，爱护濒危动物，如图 2-18 所示。

图2-18　《突然掉进安全感黑洞》H5

2.2.4　优化H5的性能

要让用户体验一个运行流畅的 H5，开发者需要在设计过程中对前端性能进行优化。下面从加载优化、脚本执行优化、层叠样式表（Cascading Style Sheets，CSS）优化、JavaScript 优化等方面介绍如何优化 H5 的性能。

1．加载优化

H5 的加载过程是最为耗时的，可能会占到总耗时的 80%，可以采用以下方法进行加载优化。

（1）减少超文本传输协议（Hyper Text Transfer Protocol，HTTP）请求。在首次加载时，HTTP 请求数不要超过 4 个，可以通过合并 CSS、JavaScript、小图片，或者使用雪碧图（一种 CSS 图像合并技术，将小图标和背景图像合并到一张图片上，然后利用 CSS 的背景定位精确显示需要的图片部分）进行请求优化。

（2）使用缓存。这样可以减少向服务器的请求数，节省加载时间，因此静态资源都要在服务器端设置缓存，并且尽量使用长 Cache（长 Cache 资源的更新可以使用时间戳）。

（3）压缩 HTML、CSS、JavaScript。对 HTML、CSS、JavaScript 等进行代

码的压缩（如删除多余的空格、换行符和缩进等），并在服务器端开启 GZip 压缩功能，以加快 H5 页面的显示速度。

（4）无阻塞。写在 HTML 头部的 JavaScript（无异步）和写在 HTML 标签中的 <Style> 标签会阻塞页面的渲染，所以将 CSS 放在页面头部并使用 Link 方式引入，避免在 HTML 标签中写 CSS 样式，JavaScript 代码放在页面尾部或使用异步方式加载。

（5）使用首屏加载。首屏的快速显示可以提升用户对页面速度的感知，所以应尽量针对首屏的快速显示进行优化。

（6）按需加载。将不影响首屏的资源和当前屏幕不用的资源在用户需要时才加载，如使用 LazyLoad、滚屏加载、Media Query 加载，这样可以大大提升重要资源的显示速度，并降低总体流量。需要注意的是，按需加载会导致大量重绘，影响渲染性能。

（7）预加载。对于具有大型资源的页面（如游戏），可以采用增加 Loading 的方法。例如，在进入游戏空间时的 Loading 页，资源加载完成后再显示页面。对于用户行为分析页面，可以在当前页加载下一页资源，以提升浏览速度。

（8）压缩图片。图片是很占流量的资源，所以应尽量少使用图片。在使用图片时，要选择合适的格式和大小，然后使用工具软件压缩图片，同时在代码中使用 Srcset 属性设置按需显示图片。

（9）减少 Cookie。由于 Cookie 会影响加载速度，所以静态资源域名不要使用 Cookie。

（10）避免重定向。重定向会增加 HTTP 请求的次数，影响加载速度，在服务器正确设置的情况下应避免重定向。

（11）异步加载第三方资源。如果第三方资源不可控，就会影响页面的加载和显示，因此应设置异步加载第三方资源。

2．脚本执行优化

脚本处理不当会阻塞页面加载与渲染，在使用脚本时需要注意以下几点。

（1）CSS 写在头部，JavaScript 写在尾部或者使用异步。

（2）避免图片或 iframe 等空 Src 属性，空 Src 属性会重新加载当前页面，影响加载速度和效率。

（3）尽量避免重设图片大小。重设图片大小是指在页面、CSS、JavaScript 等环境中多次重置图片大小，这样会引发图片的多次重绘，影响 H5 页面性能。

（4）图片尽量避免使用 Data URL，因为 Data URL 图片没有使用图片的压缩算法，文件会变大，而且解码后需要再渲染，加载慢，耗时长。

3．CSS优化

在写 CSS 代码时，可以采取以下优化措施。

（1）避免在 HTML 标签中写 Style 属性。

（2）避免使用 CSS 表达式，因为 CSS 表达式的执行需要跳出 CSS 树的渲染。

（3）移除空的 CSS 规则，因为空的 CSS 规则会增加 CSS 文件的大小，且影响 CSS 树的执行。

（4）正确使用 Display 属性。Display 属性会影响页面的渲染，所以应合理使用，在使用时注意以下几点。

- display:inline 后不应再使用 width、height、margin、padding 及 float。
- display:inline-block 后不应再使用 float。
- display:block 后不应再使用 vertical-align。
- display:table-* 后不应再使用 margin 或 float。

（5）不滥用 float，因为 float 在渲染时计算量比较大，所以尽量少用。

（6）不滥用 Web 字体，因为 Web 字体需要下载、解析、重绘当前页面，所以尽量少用。

（7）不声明过多的 font-size，因为过多的 font-size 影响 CSS 树的效率。

（8）属性值为 0 时不需要带任何单位。为了浏览器的兼容性和性能，属性值为 0 时不要带单位。

（9）避免让选择符看起来像正则表达式，因为高级选择器的执行耗时长且不易读懂，所以应避免使用像正则表达式的选择符。

（10）标准化各种浏览器前缀，无前缀的应放在最后,CSS 动画只用 "-webkit-" 和无前缀两种。

4．JavaScript优化

在写 JavaScript 代码时，应注意以下几点。

（1）减少重绘和回流，如避免不必要的 Dom 操作，尽量改变 class 而不是 style，使用 classList 代替 className，避免使用 document.write，减少 drawImage 等。

（2）缓存 Dom 对象。

（3）缓存 list.length 的值，可以用一个变量保存这个值。

（4）尽量使用事件代理，避免批量绑定事件。尽量使用 ID 选择器，因为 ID 选择器是最快的。

（5）TOUCH 事件优化，如使用 touchstart、touchend 代替 click。

5．渲染优化

在渲染页面时，可以采取以下措施进行优化。

（1）使用 Viewport 加速页面的渲染，例如，使用代码：<meta name="viewport" content="width=device-width, initial-scale=1">。

（2）减少 Dom 节点，因为 Dom 节点太多会影响页面的渲染。

（3）动画优化。例如，尽量使用 CSS3 动画，合理使用 requestAnimationFrame 动画代替 setTimeout 动画，适当使用 canvas 动画（包含 5 个元素以上的动画可使用 canvas 动画，在 iOS 系统下可使用 WebGL 动画）。

（4）高频事件优化。Touchmove、Scroll 等事件会导致多次渲染，可以使用 requestAnimationFrame 监听帧变化，使其在正确的时间进行渲染，或者增加响应变化的时间间隔，以减少重绘次数。

（5）图形处理器（Graphic Processing Unit，GPU）加速。当使用 CSS 以下属性（如 CSS3 transitions、CSS3 3D transforms、Opacity、Canvas、WebGL、Video）触发 GPU 渲染时，应合理使用。

2.3　打造爆款H5的策略

营销性的 H5 不可避免地会带有广告的痕迹，而现在人们对广告信息是异常敏锐的，如果 H5 中植入的广告不够高明，就很容易让用户对 H5 产生排斥心理，更谈不上主动传播了。因此，在设计与制作 H5 时必须要换位思考，研究用户的心理，让他们自发地传播 H5。下面总结了爆款 H5 的几个特点，供读者参考借鉴。

2.3.1　充电增值

一般来说，用户都有强烈的求知欲，他们关注的东西往往是自己需要的、对自己有用的，如一些实用干货、生活技巧等，当用户认可了其价值性，对自己产生了帮助，就愿意分享到其他有同样需求的群体中。

自从支付宝的"十年账单"引发热议后，各种平台的年终总结也热衷于用 H5 来展示，丰富的互动体验令原本乏味的总结报告有趣、生动起来。例如淘宝网的"人生账单"，在淘宝 App 搜索"人生账单"或"淘宝账单"，即可进入 H5 页面。用户可以查看自己在淘宝上的注册时间，一共在淘宝上花了多少钱，第一次在淘宝上购买的商品，购物车中收藏最久的商品，浏览多少商品后会购买其中一个，在哪个时间段逛淘宝等，最后生成一张账单海报，如图 2-19 所示。

又如，腾讯联合科普中国出品的《腾讯太空科普》H5（见图 2-20），通过设计专属太空舱的互动形式，引导用户自行选择核心舱和功能舱，并生成专属太空舱，激发用户对宇宙探索的好奇心。

图2-19　《人生账单》H5　　　　图2-20　《腾讯太空科普》H5

2.3.2　娱乐消遣

在网络推广中，有趣是很重要的一个吸引读者的因素，一些颠覆认知的内容、有趣的段子、出其不意的新鲜内容等总能备受用户的追捧。测试类H5是一种刷屏频率非常高的H5营销形式，主要以问答、评分、测试为表现形式，利用各种有趣的问题吸引用户参与问答，分享测试结果，从而产生裂变效应。

例如，vivo NEX手机联合网易哒哒出品的《无界潜能俱乐部》（见图2-21）就属于测试类H5，通过微信群对话框聊天的形式进行互动，页面简单、干净，包含声音、动画、动效等多维度场景。该H5的文案极具未来感，每个人的测试结果都是独家定制的，让每个测试者都感觉自己是潜能者，感觉自己未来的潜能是无限的，未来是无界的。用户在使用H5进行测试的同时，还会被这种情感所打动，产生共鸣，进而主动传播，从而使"未来无界"这个核心理念得到迅速传播。

图2-21　《无界潜能俱乐部》H5

2.3.3 情感共鸣

每个人都有表达自己情感的意愿，但并不是每个人都善于表达。人们都希望遇到懂自己的人，如果H5表现的内容能够让用户产生心理共鸣，那么用户自然就会助力H5的传播。

故事是吸引人类的艺术形式之一，通过沉浸式的体验来勾起用户的回忆，引起情感共鸣。例如，图2-22所示为宣传南京大报恩寺遗址公园新年撞钟祈福的《为世界点亮新年》H5，以一束光为线索，依次展开了人生漫长路程中的四个场景。走心的文案以及各种暖心的生活场景能让用户觉得人间充满光明与善良，勾起用户对往昔的各种回忆，引发其情感共鸣，从而促使用户进行分享。

图2-22 《为世界点亮新年》H5

情感路线的H5容易让用户产生共鸣，这类H5一般会在节日期间推出，其主题也大都与节日有关，如母亲节、父亲节、七夕节等。当H5有了节日氛围的烘托时，其推广会变得更有意义，也更有效率。

例如，在父亲节推出的《谁让老爸动了心》H5（见图2-23），开头需要用户在屏幕上用手画一颗心，伴随着出现的这颗心，开始讲述父亲从我们出生到长大外出求学，他在我们背后辛苦付出的故事。用户所画的这颗心一直出现在故事的讲述过程中，并随着故事的展开而跳动，令人心生温暖与感动。

图2-23　《谁让老爸动了心》H5

2.3.4　利益驱使

在 H5 中增加一些利益因素，能够调动用户自主传播的积极性。例如，通过分享领取卡券、礼品等方式，让用户主动把 H5 活动页面转发给好友，以获取一定的奖品或优惠，如图 2-24 所示。

图2-24　带有优惠信息的H5

在设置奖品时，一般来说，实用性强的大众礼品，如购物抵扣券、电影票等，其吸引力会大于细分领域的礼品，有时过于豪华的礼品反而会引起用户产生"哪有这么好的事情"的怀疑。

2.3.5　自我展示

　　互联网是一个社交型的舞台，用户可以在这个平台上展示自我。可以玩H5游戏得到高分，继而成为一种炫耀的资本；也可以自主输出内容，如海报生成类H5，邀请别人和自己一起创作传播内容，这类H5无须专业技术，简便操作给足了用户自由发挥的空间。

　　例如，网易态度日历出品的《这一天属于你》属于图片合成类H5（见图2-25），用户可以通过上传照片，并选择不同的风格和句子来合成态度日历。这样合成的图片极具个人色彩，能够很好地张扬个性，从而达到更好的宣传效果。

　　又如，人民日报出品的《每一个你，都惊艳了时光》H5（见图2-26），用户通过上传一张正脸照片，即可采用人脸融合技术生成自己不同年代的造型。

图2-25　《这一天属于你》H5

图2-26　《每一个你，都惊艳了时光》H5

2.3.6　创意创新

　　构思新奇、富有想象力的H5能够吸引用户主动观看，也会使其乐于传播。例如，滴滴出行出品的《丈母娘的这笔账，我记下了》H5（见图2-27），利用女婿与丈母娘的"矛盾"引起人们的关注，表面上是女婿翻丈母娘的"旧账"，以激起受众的好奇心，实际上是女婿与丈母娘之间互相爱护，借此建议年轻人为长辈使用滴滴代叫服务。

图2-27 《丈母娘的这笔账，我记下了》H5

该 H5 将品牌与大众生活的痛点和情感很好地结合在一起，而且具有新鲜感。在设计上采用双屏的局部画面配上文案制造矛盾点，当用户滑动选择后，画面将从局部拉伸到整体，非常自然地过渡到真相。例如，丈母娘的"添油加醋"实际上是购置调味品，女婿的"火上浇油"实际上是为家人烹调食物。

任何一个领域的技术创新都会对用户产生很大的吸引力，H5 也不例外。例如，科大讯飞出品的《下雪了！》H5（见图 2-28），通过在屏幕上绘制线条，就会出现一个小人沿着线条滑雪的动画，然后使用多国语言解释这是什么运动项目。点击"还能画什么"按钮，将显示更多的图案，绘制这些图案后将解释相应的运动；点击"直通北京 2022"按钮，可以查看 2022 北京冬奥会的运动项目介绍。

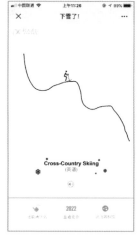

图2-28 《下雪了！》H5

2.3.7 热门话题

社会热点事件是指在社会上引起广泛关注，激起民众情绪，引发强烈反响的事件。相对于商家造势所形成的关注度来说，社会热点事件拥有更高的社会价值和更广泛的关注度，且更易被人们接受。因此，在制作H5时要善于抓住并结合当下的热点事件，利于话题效应让H5在短时间内火爆起来。

例如，2019年6月，中华人民共和国工业和信息化部向中国移动等运营商发放了5G商用牌照，随后又发布了首批试点城市。5G时代的到来备受人们的关注，这引发了一系列热门话题。利用这个热点事件，中国移动出品了《一个难倒所有人的5G入学测试@你》的科普5G网络的测试答题类H5（见图2-29），通过人们期望对5G有更多了解的心理形成答题互动，达到品牌曝光与传播的目的。

图2-29 《一个难倒所有人的5G入学测试@你》H5

又如，腾讯手机管家借势3•15消费者权益日推出的《真假朋友大质检第四季》H5（见图2-30），基于社交话题进行价值挖掘，以真假好友测试的形式向人们传递腾讯手机管家安全守护用户的品牌形象。用户点击进入"真假朋友质检"的出题页面后，根据"上学""工作""爱情""喜好"四个方面的问题进行出题。在设置好题型与答案后，点击"完成出题"，分享H5即可邀请好友答题，"质检"友情。与单纯的个人测试答题类游戏相比，该H5更有趣味性，同时也增加了H5与玩家之间的交互，增强了传播的力度。

图2-30 《真假朋友大质检第四季》H5

2.3.8 内容精致

不论 H5 的形式如何变化，有价值的内容始终要放在第一位。H5 的内容不仅要精致、优质，还要具备分享的价值，这样才能获得用户的关注，推动 H5 的传播。

例如，图 2-31 所示为两个地产类的 H5，这类 H5 一般都制作精美，在设计上倾向于品牌形象塑造，需要运用符合品牌气质的视觉语言，让用户对品牌留下深刻印象。图 2-31 左图中的 H5 采用视频剪辑的方式，按照从宏观到微观的逻辑顺序，将陆家嘴金茂大厦、金茂鱼嘴 G97 超高层项目、绿地金茂国际金融中心——抛出，最终落脚到扬子江金茂悦示范区的开放预告。图 2-31 右图中的 H5 结合春日出游，将项目信息与区域景点相结合，画面设计十分精美。

图2-31 地产类H5

又如，浪琴手表在七夕节推出的《唯有时间更懂爱》H5（见图 2-32），在一本梦幻的时间之书中让用户寻找爱情的答案。用户可以在书中看到一些名人的爱情感悟，还可以给自己的心上人寄送爱情信件。该 H5 画面唯美，富有浪漫气息，符合七夕爱情主题，也符合品牌的调性。

图2-32 《唯有时间更懂爱》H5

2.3.9 多样交互

随着技术的发展，如今的 H5 拥有众多出彩的特性，让用户能够轻松实现绘图、擦除、摇一摇、重力感应、3D 视图等互动效果。例如，某游戏联合浙江小百花越剧团出品的具有多样交互特点的 H5（见图 2-33），邀请用户当越剧导演，领取上官婉儿、梁祝体验卡的活动礼品，以此宣传新上线的游戏皮肤，同时弘扬越剧这一文化传承剧种。

该 H5 需要用户全程参与，使用了多种交互手段，在屏幕提示下，通过用户的交互，让上官婉儿劈腿，练嗓，转动眼球，以训练"精""气""神"，每项训练前还会显示训练项目和解析语。

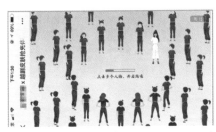

图2-33 具有多样交互特点的H5

2.3.10 风格统一

在设计 H5 时，风格统一是一项基本原则。H5 中各种元素的色彩、文案风格等要和谐、自然，所有细节设计都要符合整体的设计风格，这样才能带来高品质的用户体验。例如，采用复古拟物的视觉风格时，字体就不能过于现代；采用幽默调侃的表现风格时，文案措辞就不能过于严肃；采用情感路线的内容风格时，动效就不能过于花哨等。

例如，滴滴出品的《滴滴驿站》H5（见图2-34），其页面设计统一采用中国风的漫画形式，文案也都符合主题风格，画面唯美、精致。

图2-34　《滴滴驿站》H5

课后习题 ↓

一、简答题

1. 简述制作H5的基本流程。
2. H5在细节设计上有哪些优化方法。
3. 简述爆款H5有哪些特点。

二、实操训练题

图2-35所示为三个爆款H5，分别是网易新闻联合新华社客户端出品的《一起到"中轴线"赏月》H5，故宫博物院联合腾讯出品的《你会化身哪个脊兽建造紫禁城》H5和腾讯出品的《这是什么神仙地方》H5，试分析这三个H5的特点。

图2-35　三个爆款H5

第3章

H5页面风格设计

营造极具冲击力的视觉氛围

学习目标

- 了解常见的H5页面风格。
- 掌握H5页面设计中常用的对比配色方案。
- 掌握H5页面色彩设计的策略。
- 了解常用的H5配色工具。

　　H5页面的设计版式、风格、色彩等形式都会对用户心理产生重要的影响，而用户体验的优劣对H5的推广成功与否起着关键性的作用。那么，如何设计H5页面风格，营造极具冲击力的视觉氛围，为用户带来全新的视觉体验就显得至关重要。本章将学习如何选择与设计H5的页面风格，其中包括对比配色方案、色彩设计的策略以及配色工具等知识。

3.1 常见的H5页面风格

如今，越来越多的企业开始借助 H5 开展线上营销活动，策划与设计人员要根据不同的行业需求、品牌文化等拟定不同的主题活动，设计与之相匹配的页面风格，以极具视觉冲击力的视觉效果传达相关信息，吸引人们的关注。恰当的 H5 页面风格能够带给用户全新的体验，使其留下深刻的印象。下面将介绍几种常见的 H5 页面风格。

3.1.1 简约风格

在 H5 页面风格设计中，简约风格常用于传递品牌信息或表达情感，这种风格要求设计人员具有敏锐的洞察力，能够准确把握品牌的调性，通过恰当的留白处理与排版来形成细腻别致的视觉效果。

简约风格多采用弱对比色调，色调反差较小，冷暖色调均可。虽然这种风格的色彩感在视觉上的冲击力较弱，但能够带给用户舒适的浏览体验。简约风格能够正确地体现主题活动的氛围，引导用户进行细致的感受和品味，有助于用户对 H5 的内容进行客观的理解和领悟，如图 3-1 所示。

图3-1　简约风格

3.1.2 扁平化风格

在 H5 页面风格设计中，扁平化风格一直很受设计人员的追捧，优势在于其通过形状、色彩、字体等呈现出清晰明了的视觉层次，给用户带来较为直观的视觉感受，更易于用户理解传播的信息。

扁平化页面风格设计主张摒弃一切繁杂冗余的装饰效果。例如，图3-2摒弃了阴影、渐变、透视及纹理等能够打造3D视觉效果的元素，因此页面效果较为干净、整洁，减少了用户在使用过程中产生的认知障碍，使用起来也格外简便，能够为用户带来清爽的视觉体验。

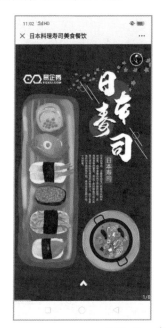 

图3-2　扁平化风格

3.1.3　科技感风格

在这个推崇科技创新的时代，科技感风格受到H5设计人员的青睐。炫酷的科技感效果能够在短时间内吸引用户的注意力，备受年轻人的喜爱。这种H5设计风格的应用范围较广，多用于互联网、汽车等领域。设计人员利用粒子效果、云机器人、宇宙星空等装饰元素，就能在H5页面中展现出强烈的科技感效果，如图3-3所示。

3.1.4　卡通手绘风格

卡通手绘风格在H5页面风格设计中也较为常见，设计人员往往通过手绘来表现主题内容，既轻松又有趣，用户浏览起来也不会觉得累，自然会停留更长的时间，如图3-4所示。

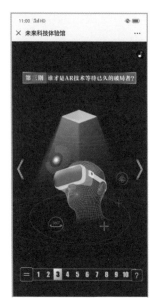

图3-3　科技感风格

图3-4　卡通手绘风格

3.1.5　水墨风格

水墨风格的 H5 融合了许多传统文化元素，具有浓郁的古典韵味。它延续和传承了传统水墨绘画的手法，有的还增添了时尚的成分。水墨风格的 H5 多用于江湖武侠游戏等的宣传，能够营造出典雅脱俗的意境，如图 3-5 所示。

图3-5　水墨风格

3.1.6　手绘风格

在传统绘画书法的影响下，一些手绘元素也被融入 H5 页面风格设计中，形成了丰富、细腻、纯朴、自然的表现风格。与其他风格相比较，手绘风格的 H5 更加贴近自然、反映生活，也充满了艺术气息，如图 3-6 所示。

图3-6　手绘风格

3.1.7　混合风格

在 H5 的诸多风格中，有一类不是单一风格所能概括的，这类 H5 作品融合了多种风格形式，形成了别具一格的混合风格。混合风格的 H5 中含有丰富的素材，构成了一场华丽的视觉盛宴，能够带给用户强烈的感染力，如图 3-7 所示。

图3-7　混合风格

3.2　H5页面色彩设计

优秀的 H5 作品离不开页面色彩的合理配置和精心设计。因此，H5 页面色彩设计是 H5 设计人员必备的一项技能。

3.2.1　H5页面设计中常用的配色方案

在进行 H5 页面设计时，设计人员先要明确主色调，选择与 H5 活动氛围相适宜的配色，配色的选取相对主色调而言要求更高。目前，H5 页面设计的配色方案中较为常用的有两种，分别为三阶配色方案和多色调搭配方案。

1．三阶配色方案

首先介绍三阶配色方案，初学者在进行 H5 页面色彩设计时可以尝试采用这种方案，为 H5 挑选合适的配色。

第一阶：确定主色

在 H5 页面设计中，色彩是表现页面氛围的关键元素，特别是主色调。主色是占据页面色彩面积最多的颜色，以背景色进行展现。由于主色面积占比较大，所以无论是使用冷色还是暖色，都应避免亮度过高，颜色尽可能不要过于艳丽。

此外，在页面设计过程中，有时会出现画面呆板的问题，为了突出主色调，又不失作品的沉稳感，可以采取一些手段加以改善，例如，基于主色加入一些纹理、渐变等形式来产生色彩的变化，以此来丰富色彩的层次感。

图 3-8 所示的 3 个 H5 页面中，在主色的选择上，就冬季主题定位来说，"冬季""雪人的场景"这些关键信息给人的情感体验更贴近冷色调。可以看出，图 3-8（c）所选的冷色调（蓝色）与主题氛围比较吻合，页面视觉效果较好；而图 3-8（a）、图 3-8（b）分别选择了绿色和粉色，不符合主题定位，与主题氛围不协调，视觉效果较差。

（a）　　　　　　　　　　（b）　　　　　　　　　　（c）

图3-8　H5页面的3种主色效果

第二阶：确定辅助色

辅助色的面积占比仅次于主色，要根据 H5 主色来选取，在不破坏 H5 页面氛围的原则下，要紧密结合 H5 整体页面效果来确定辅助色。辅助色常被应用于主元素中，其应用数量不是固定的，有时仅用一种辅助色，有时会用多种辅助色。

对于 H5 页面中的主元素（如大标题），辅助色可以选取与背景相接近的同色系，这样既能突出主题，在整体感观上也比较和谐、统一。因此，不管采用几种辅助色，都要结合整体页面效果进行设计，这样才能不干扰主色，如图 3-9 所示。

图3-9　辅助色的效果演示

第三阶：适当添加点缀色

点缀色在 H5 页面中起点缀、修饰的作用，虽然它在 H5 页面中的面积占比最小，但如果应用得当，往往能够增强用户的视觉体验感，起到画龙点睛的作用。选取点缀色的限制较小，设计师可以根据页面的设计需求大胆使用。另外，点缀色还有一个重要的使用方法，即功能性点缀。例如，H5 页面中可点击的按钮和图标的设计通常都会使用该方法。为了使图形更加突出，设计人员经常会选取与其他颜色有较大反差的点缀色。

图 3-10 所示的 H5 页面中，设计人员在页面中添加了一些点缀色，如黑色、绿色，它们属于与主色、辅助色反差较大的颜色，在 H5 页面中不但不会破坏整体画面的氛围，反而能够增强视觉效果。

图3-10　使用点缀色

2．多色调搭配方案

多色调搭配方案是一种由两种以上颜色构成的配色方案，即多种颜色的组合方式。多色调搭配方案包括互补色搭配、近似色搭配、三角形搭配、分裂互补色搭配、矩形搭配及正方形搭配。

（1）互补色搭配

互补色是色环上相对的两个颜色（角度相距180°），常见的有橙色对蓝色、黄色对紫色，以及红色对绿色，如图3-11所示。这种颜色之间的强烈对比在高纯度的情况下往往会引起色彩的颤动和不稳定感，在配色时一定要处理好这种情况，不然会出现画面冲突并破坏整体效果的情况。

由于互补色搭配的不稳定性和特殊性，所以在正式的设计中较为少见。但在各种色相搭配中，互补色搭配无疑是一种最突出的搭配，如果想让H5作品引人注目，充满力量和活力，具有强烈的视觉冲击力，那么互补色搭配无疑是最佳的选择。

（2）近似色搭配

色环上距离较近（角度相距90°范围内）的颜色搭配被称为近似色搭配，也称类似色搭配，如图3-12所示。一般这些颜色相搭配会显得平静而舒服。对于眼睛来说，近似色搭配是最舒适的色彩搭配方式。在使用近似色搭配时，一定要适当地加强对比，不然画面可能会显得比较平淡。

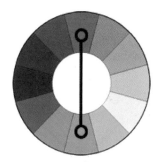 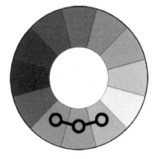

图3-11　互补色搭配　　　　　　　图3-12　近似色搭配

（3）三角形搭配

三角形搭配是在色环上等距地选出三种颜色进行搭配的方式，如图3-13所示。在H5页面中使用低饱和度的色彩，利用三角形搭配会使画面具有生动感。在使用三角形搭配时，要选出一种颜色作为主色，另外两种颜色作为辅助色。

（4）分裂互补色搭配

分裂互补色搭配是互补色搭配的一种变体，其本质是使用类似色来代替互补色的一种，以达到既有互补色搭配的优点，又能弥补互补色搭配的弱点，如图3-14所示。分裂互补色的对比非常强烈，但它并不会像互补色搭配那样产生颤抖和不安的感觉。对于初学者来说，这是一种非常好用的色彩搭配方式，这样搭配出来的画面对比强烈，且不易产生色彩混乱的感觉。

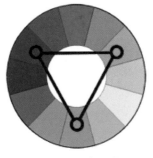 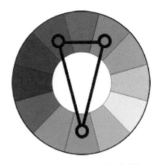

图3-13　三角形搭配　　　　　图3-14　分裂互补色搭配

（5）矩形搭配

矩形搭配，又称双分裂互补色搭配，它也是互补色搭配的一种变体，如图 3-15 所示。相比分裂互补色搭配，这种搭配方式把各种颜色都替换成类似色。矩形搭配的色彩非常丰富，能够使画面产生节奏感。当其中一种颜色作为主色时，这种搭配就能获得良好的效果。需要注意的是，在矩形搭配中要注意色彩冷暖的对比。

（6）正方形搭配

在正方形搭配中，四种色彩被均匀地分布在整个色彩空间中，如图 3-16 所示。当其中一种颜色作为主色时，这种搭配能够获得最好的效果。与矩形搭配一样，使用这种搭配方式也要注意色彩冷暖的对比。

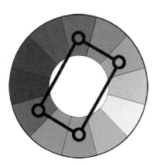 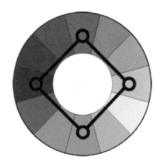

图3-15　矩形搭配　　　　　图3-16　正方形搭配

3.2.2　H5页面色彩设计策略

对于互联网产品来说，用户的体验感与页面色彩是密不可分的，H5 页面色彩设计的品质直接关乎营销传播效果以及用户对品牌形象的认知。下面我们将从用户体验的角度出发，介绍 H5 页面色彩设计的策略。

1．H5页面色彩的整体布局

H5 的页面色彩风格取决于色彩的整体布局，这要求设计人员在明确主色的基础上，再确定辅助色与其他元素的搭配。为了达到更突出的视觉效果，有时甚至可以采用颠覆性的色彩搭配，如冲撞色、红绿、黑白搭配等，如图 3-17 所示。

图3-17　颠覆性的色彩搭配

在进行 H5 页面色彩的整体布局时，首先，保持整体风格的统一，如果企业有自身的企业识别系统（Corporate Identity System，CI）形象，H5 设计最好沿袭这个形象，选取与 CI 形象一致的主色作为页面背景，带给用户一致的认同感，有利于企业形象的树立；其次，要避免画面拘谨、呆板，可以利用近似色和邻近色搭配来丰富页面效果；再次，点缀色的数量不宜过多，点缀色的面积小，通常会零散地分布在页面当中，只需要一点点就能让页面丰富起来；最后，如果 H5 页面中存在大面积的留白，能够带给用户精致、干净的视觉感受，但这往往考验设计人员对页面整体的把控力及创造力。

2．色彩是页面主题氛围传达的关键

H5 能否给用户留下深刻的印象，其页面的主题氛围起着至关重要的作用。假如用户打开 H5 无法受到其主题氛围的感染，就无法吸引其继续浏览。在 H5 作品中，影响页面氛围的因素有很多，色彩无疑是传达主题氛围的关键因素之一。因此，色彩作为主题氛围传达的"使者"，如果使用不当，就难以清晰地表达 H5 的主题。

例如，劲酒集团推出的回顾其 30 年发展之路的《劲酒健康 30 年体验馆》H5，打开 H5 后显示劲酒的标语和一瓶慢慢被红色浸满的劲酒酒瓶，酒瓶被浸满后出现"点击进入"的交互触点。进入后显示三扇门，分别是"初心记忆馆""匠心传承馆"和"创新领航馆"，点击任意一扇门进入博物馆走廊页面，墙壁上显示一些珍贵的照片和劲酒集团在研发和创新之路上取得的成果，左右滑动浏览照片或视频，点击页面即可查看详细内容，如图 3-18 所示。

图3-18　《劲酒健康30年体验馆》H5

整个 H5 的页面色彩设计以红色为主，突出追忆、怀念、荣誉的主题，通过照片与视频详细介绍了劲酒品牌发展和技术改革之路，打造实力与内涵兼具的品牌形象。

3. 重视用户对色彩的情感体验

虽然色彩种类多达百万，但实际工作中，我们常用的色彩并不多，只要掌握 10~30 种颜色，就能够应对 H5 色彩设计了，而掌握它们的关键就在于理解色彩的冷暖感受。在真实的物理世界中，很多事物都带有颜色，色彩本身并无冷暖温差，但它们在长久的岁月中影响着人们的主观感受。

通常来说，冷色系会降低情感的刺激，暖色系会增强情感的刺激。例如，在色彩的应用上，社交类 App 的品牌 Logo 的颜色多是蓝、绿等冷色系颜色，如微信、QQ 和钉钉等；而电商类 App 的品牌 Logo 的颜色多是橙、红、黄等暖色系颜色，如淘宝、京东和苏宁易购等。

社交类软件主要用于信息传达和交流，调性上需要具备沉稳、舒适和安全等感受，如微信会使用绿色，是因为绿色能够给人自然、舒适的感受，就像生活中那些安静的绿色植物；而电商类品牌涉及消费者体验，商家想让消费者在购物时产生激动和兴奋的情绪，所以品牌 Logo 在颜色上要迎合这种诉求，商家往往用暖色调的促销页面来刺激顾客的消费。

在 H5 设计中，页面氛围传达与品牌 Logo 的企业形象表达是同样的道理，色彩冷暖的选择要符合 H5 想要给用户传达的心理感受，设计者可以根据主题类别进行选择。

例如，在制作科技活动类及电子产品类 H5 时，多采用沉稳的冷色调，使其产生理性、沉稳、安全的感受。而电商营销涉及购买体验，这类 H5 在设计中要促使消费者产生兴奋的情绪，所以设计师在色彩设计上要迎合这种内在的诉求，可以采用暖色调的画面效果来刺激用户的消费欲望，如图 3-19 所示。总之，色彩冷暖的选择要符合 H5 想要传达给用户的情感体验。

图3-19　电子产品与电商促销类H5

3.2.3　常用的H5配色工具

"工欲善其事，必先利于器"，得力的配色工具能够在 H5 色彩设计中起到事半功倍的作用。下面我们将介绍几个常用的 H5 配色工具，利用这些工具可以打造出理想的 H5 页面视觉效果。

1．Coolors

Coolors 是一个简单的配色方案生成器，一次只提供一种配色方案。打开Coolors 工作界面，单击色块锁定当前颜色，可以查看其他关联的配色组合。用户还可以单击色块下方的 HEX 颜色值进行编辑，指定一个颜色进行配色。图 3-20 所示为 Coolors 的工作界面。

图3-20　Coolors的工作界面

2．Adobe Kuler

Adobe Kuler 是一个基于网络的色彩配色工具，它提供了多种色彩主题，还可以依据色环自定义配色。此外，Adobe Kuler 还可以从上传的照片中提取调色板，提供配色方案。图 3-21 所示为 Adobe Kuler 的工作界面。

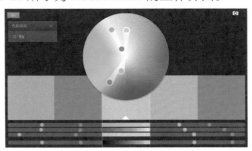

图3-21　Adobe Kuler的工作界面

3．ColorDrop

ColorDrop 是一个在线配色网站，它提供了丰富的色彩组合。该网站把四个不同的颜色整合在一起，单击后会显示相应的颜色参数（HEX/RGB），以供设计师参考。ColorDrop 还允许用户更换不同的背景颜色，以体验在不同背景色下的配色效果。图 3-22 所示为 ColorDrop 的工作界面。

4．Colormind

Colormind 是一个基于人工智能的配色网站，打开网站会随机生成几组配色方案，单击 Generate 按钮也可以自动生成配色方案。若要手动配色，可以单击色块下方的█按钮，在调色板中选取颜色。单击色块下方的█按钮，可以固定颜色值，然后逐次单击 Generate 按钮查看生成的配色，直到满意为止。此外，还可以单击页面上方的 Image Upload 按钮█上传图片，程序会从图片中随机提取 5 种颜色进行合适的搭配。图 3-23 所示为 Colormind 的工作界面。

 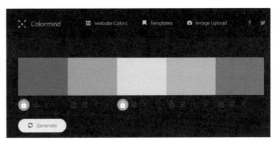

图3-22　ColorDrop的工作界面　　　图3-23　Colormind的工作界面

课后习题 ↓

一、简答题

1. 简述常见的 H5 页面风格。
2. 简述 H5 页面设计中常用的配色方案。

二、实操训练题

图 3-24 所示为小米有品推出的宣传类 H5《20mL 治愈计划》，讲述了一名在城市拼搏的女孩治愈坏心情的故事，试分析该 H5 的色彩设计策略。

图3-24　《20mL治愈计划》H5

第4章

图文设计

用高颜值图文提升
画面质感

学习目标

- ✈ 掌握H5页面版式设计的方法。
- ✈ 掌握H5页面图片设计的方法。
- ✈ 掌握H5页面文本设计的方法。

　　在 H5 设计中，图文设计是非常重要的一环。高颜值的图文设计不仅可以将 H5 主题很好地表达出来，还能产生强烈的视觉感染力。本章将学习如何在 H5 中进行图文设计，其中包括 H5 页面版式设计、H5 页面图片设计以及 H5 页面文本设计，并通过制作邀请函 H5 案例巩固本章所学知识。

4.1 H5页面版式设计

在 H5 页面设计中，版式设计可以说是页面设计的重心，它直接关系到 H5 作品的整体设计效果。下面将详细介绍 H5 页面版式设计的方法。

4.1.1 页面有层级，元素要统一

在设计 H5 页面时，一个页面中的元素层级关系最好不要超过三个，且层级要分明。一级信息为页面焦点部分，二级信息为页面次要部分，三级信息为页面的点缀部分，如图 4-1 所示。设计页面层级的方法如下。

第一级：很重要，也是很显眼的，可以通过颜色、大小、位置等方式来强化信息，向用户传达中心思想。

第二级：是为了辅助、扩展第一级，在视觉上不可与第一级信息争夺画面的焦点，用于引导用户理解页面信息，使用户更加舒适地阅读页面信息。

第三级：属于画面中的点缀部分，可以是修饰图形或文本描述，这里的文字是详细、通俗易懂的部分，不需要对文字进行特殊处理，只要符合人们的阅读习惯即可。

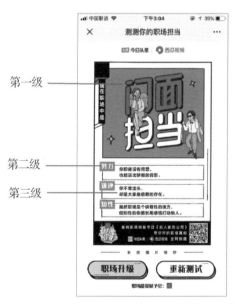

图4-1 设计页面层级

由于 H5 是多页的，有时还是长图文的形式，在排版时应保证页面的连续与统一。设计人员可以为页面设计相似的版式、相似的元素和成套的素材，并使字体格式、颜色、图片风格等保持统一。例如，在使用图片时，无论图片是什么样

的版式，最好做到图片的色调、视觉角度或景别等特征的统一。如果能够做到特征的统一，整体的画面感就会比较一致。

4.1.2 页面信息排版

在 H5 设计中，对页面信息进行排版时，要学会运用版式设计的四大原则：对齐、重复、对比和亲密性。

1. 对齐

每个 H5 页面中的元素都应与页面中的另一个元素存在某种视觉联系，这样才能建立清晰的结构。在版式设计时要找到元素之间的对齐线，从而建立联系。基于人们从左到右、从上到下的阅读习惯，H5 页面信息的排版一般采用左对齐或居中对齐的方式，如图 4-2 所示。

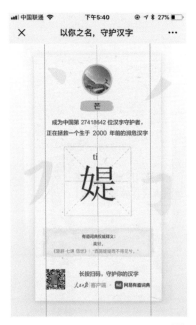

图4-2 对齐

2. 重复

重复是指在 H5 页面设计中一些基础元素可以重复使用，如颜色、形状、空间关系、字体、图片以及一些几何元素等，这样可以增加页面的条理性和整体性，降低用户认知的难度。重复原则不仅限于单个页面，整个 H5 作品都应力求重复、统一的呈现方式，如图 4-3 所示。

图4-3　重复

3. 对比

对比就是要避免 H5 页面中的元素过于相似。对比可以将页面元素的重要性层次划分出来，使页面内容的展示更有条理，同时可以丰富 H5 页面中的内容层级，使整体内容一目了然，如图 4-4 所示。

图4-4　对比

利用对比原则能够更准确地传达信息，让内容更容易被用户找到并记住。如果想让对比效果更明显，在进行色彩搭配时就一定要大胆，不要让两种颜色看起来差不多。

4．亲密性

亲密性就是把 H5 页面中的元素进行分类，将在内容或逻辑上相互有关联的元素组合在一起，形成视觉单元，实现页面信息的组织性和条理性。同时，还要注意不要在这些元素中间留出太多的空白，并且视觉单位之间也要建立某种联系。

在对较为复杂的信息进行排版时，如果没有规则地进行排版，那么文本的可读性就会降低，利用亲密性原则组织信息可以把彼此相关的信息归组在一起，层次会更加清晰，可读性也会得到增强，如图 4-5 所示。

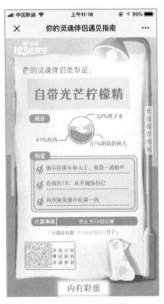

图4-5　亲密性

4.1.3　可视化页面信息

在设计 H5 页面版式时，一定要考虑内容的易读性，用户对图形的理解比文字更高效，适当地使用图形可以增加内容的易读性和设计感。将文字表达图形化，可以让信息变得简明、清晰。可视化的图形可以将说明、标题、数值等这类生硬的内容以比较柔和的方式呈现出来，如图 4-6 所示。因此，设计人员要学会将页面信息可视化，善于把文字转换为用户更容易看懂的图形或图片。

图4-6 可视化页面信息

4.1.4 适当的留白

在 H5 版式设计中，不仅有文字和图片的版式设计，留白也是页面版式设计必不可少的一部分。所有的留白都要有明确的目的，以控制页面的空间构成。留白空间不一定是白色的，也可以是其他颜色或者纹理，它是任何与背景相同的空间。没有设计留白的版面往往是杂乱无章的，在版面设计中留白可以使用户的视线立即移到被留白包围的元素上，为这些元素增加视觉冲击力。

留白属于空间设计，它能将 H5 页面中的各个元素分隔开来，适当的留白有助于引导用户的视线，为版式建立层次关系，区分出页面内容中的重点和关键点，如图 4-7 所示。

图4-7 页面中的留白

在 H5 页面版式设计中，通过留白可以赋予页面轻、重、缓、急的变化，也可以营造出不同的视觉氛围。通过留白来改变版式结构，再配合版式设计的四大原则，可以得到不同的排版效果。

4.1.5 保持页面视觉平衡

在一个平面上，每个元素都是有"重量"的。同一个元素，颜色深的比颜色浅的重，面积大的比面积小的重。这些视觉上的感觉，称为视觉重量。视觉重量的大小主要通过对比产生，如视觉元素的大小、明暗、形态、纹理对比都能对视觉重量产生影响。

视觉元素在画面中的视觉重量，对画面平衡的影响很大，只要通过对元素位置、视觉重量进行适当调整，就可以达到页面视觉平衡。在多元素的画面中，视觉重量较轻的元素对视觉平衡的影响小，而主体元素的视觉重量对视觉平衡的影响较大，所以应将其放在容易达到视觉平衡的位置上。一般情况下，画面中所有视觉重量的中心与页面中心重叠，画面就能达到视觉平衡的效果，如图4-8所示。

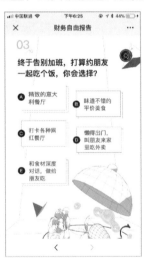

图4-8　页面中的视觉平衡

4.1.6 运用插画

现在互联网产品越来越注重用户体验和情感化的设计，插画在设计中的运用越来越多。插画有多种多样的表现形式，如扁平插画、肌理插画、手绘插画、MBE插画、渐变插画、立体插画、描边插画等。

在H5作品中运用插画，可以让用户更轻松地了解H5所要传达的信息，补充和延展文字以外的信息，增加H5页面的趣味性，强调和升华主题和品牌形象。图4-9所示的H5页面中都运用了与H5主题相吻合的插画。

图4-9　在页面中运用插画

4.1.7　版面符合视觉心理

除了色彩会对用户产生心理上的影响外，版面的整体与局部设计也会影响用户的心理，所以 H5 版面的构成要符合用户的视觉心理。

比例是整体与部分、部分与部分之间数量的一种比率关系。成功的版面设计，首先取决于合适的比例，常常表现为一定的数列：等差数列、等比数列、黄金分割比等，这些比例可以使版面达到较大程度的和谐。其中黄金分割比是较常用的，文本与线段的间隔、图片的长宽比等都可以运用黄金分割比来设计。设计好页面比例后，再通过对页面元素进行对齐、重复、对比、亲密性等排布，使页面中被分割的不同部分之间产生相互的联系。

在 H5 版面设计中，往往圆角比直角更容易让用户接受，也更加亲切，例如，个人头像、食物图片、板块样式等使用圆角会有更好的效果。而直角通常用在需要更全面展示的地方，如相片、艺术作品、商品展示等。

在 H5 所有页面的排版中要避免页面单调，增加节奏感，让用户在观看过程中不会感到冗长、无趣。

4.2　H5页面图片设计

H5 页面中的图片元素主要包括图片、图标和按钮。在文本信息中加入图片元素，对于提升 H5 页面的易读性和页面的整体效果非常有利。下面介绍几种 H5 页面图片设计的方法。

4.2.1　提高或降低图版率

　　H5 页面中图片所占的比率，称为图版率。通常情况下，提高图版率会使 H5 页面充满活力，富有感染力；而降低图版率会给人一种宁静、典雅、高级的感觉，如图 4-10 所示。

图4-10　不同的图版率（由低到高）

　　当 H5 页面的内容比较少时，若想提高图版率可以使用色块或抽象化元素模拟现实存在的物体，如电影票、信封、书本、纸张、优惠券、便签等，这样可以使页面更友好，同时也能减少空洞的感觉，如图 4-11 所示。

图4-11　提高页面的图版率

4.2.2 使用全图和局部细节图片

使用全图是指让 H5 页面中的图片占据整个屏幕，这样会让页面显得饱满、完整、有张力。在使用全图时，应选用带有视觉重心的图片，如图 4-12 所示。还有一种情况是把全图当作背景，如果背景图片干扰到页面信息的显示时，就需要对其进行弱化处理，如调整图片亮度、添加蒙版、模糊处理等，如图 4-13 所示。

很多图片看上去视觉冲击力较弱，主要是因为图片本身的细节感不强。如果将图片局部细节部分裁剪出来放大，就容易让用户看清细节，在视觉上的冲击力也会增强。在细节表达方面，要有带动感，细节的呈现是对产品的自信，也能让用户产生信任感。需要注意的是，细节图要贴合产品文案，以展现产品的质感，如图 4-14 所示。

图4-12 使用全图

图4-13 弱化背景图

图4-14 使用产品细节图片

4.2.3 使用图标

在 H5 设计中，经常需要使用图标。相对文字而言，图标能以一种更高效的方式将设计人员想要传递的信息进行浓缩，不仅使信息易于识别，还能让页面更加简洁、美观，更利于排版，如图 4-15 所示。

H5 中的常用交互图标包括音乐、跳过、关闭、返回、点击、长按、滑动、摇一摇、转动手机等。其中，音乐图标一般位于页面的右上方。在设计音乐图标时，最好能设计成符合 H5 主题的样式。

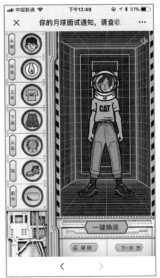

图4-15　H5中的图标

对于 H5 页面中的非交互图标，在设计时应保证图标风格的统一性。每套图标都有自己的设计风格，如线性图标、填充图标、面型图标、扁平图标、手绘风格图标和拟物图标等（见图 4-16），不同的图标风格在细节上有不同的表现，在设计时需要让这些风格特征保持高度的统一。

扁平图标

拟物图标

图4-16　不同风格的图标

图标的圆角大小、线条粗细、配色等应根据行业属性及用户人群来进行设计，例如，商务行业和动漫行业就有完全不同的属性，用于商务行业 H5 的图标可以偏方正、严肃一些，而用于动漫行业 H5 的图标则可以偏圆润一些。

在图标风格一致的基础上，还要保证图标类型及外观的一致性，例如，工具类的图标包括线性、填充、混合等类型，一般情况下同一套图标应保持相同的类型（见图 4-17），如果前面使用了线性图标，那么后续就不要使用填充或混合类型的图标。图标外观的一致性包括图标的圆角大小统一、线条粗细统一、角度统一、断点统一等，图 4-18 所示为图标外观不一致的情况。

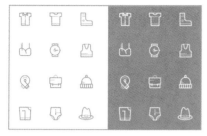

图4-17 图标类型一致

图4-18 图标外观不一致

此外，在设计图标时应让图标的视觉大小保持一致，而不是让它们的长宽属性保持一致。不同的几何图形给人们的视觉大小是不同的，占据面积越大的图形，所产生的视觉感受就越大，如图 4-19 所示。

图4-19 视觉大小不一致

要解决图标的视觉大小不一致的问题，就要对它们的尺寸进行必要的调整。在设计图标时，有圆形、方形、横向矩形、纵向矩形等图标，为了统一这些图标的体量感，就需要对其大小进行适当的调整，以保证其视觉大小一致，如图 4-20 所示。

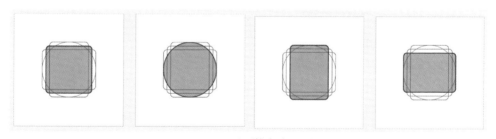

图4-20 视觉大小一致

4.2.4 压缩图片大小

在制作 H5 时，为了节省网站的存储空间，节省服务器宽带流量，加快网页的加载速度，一般需要对 H5 页面中的图片进行压缩处理。一般来说，可以使用 Photoshop 进行图片的压缩，但有时用 Photoshop 压缩后的图片尺寸依然较大，并不适合使用，这时就需要借助其他压缩工具，如智图、TinyPNG、JPEGmini 等。

除了使用压缩工具压缩图片以外，还可以通过以下方法来优化图片，减小图片尺寸。

（1）若图片色彩要求不高，可以使用 PNG8 格式，尽量避免使用 PNG24 格式。

（2）在不用考虑兼容的情况下，可以尝试使用 WebP 和 BPG 等新图片格式。

（3）使用 SVG 图标和 IconFont 图标文字代替简单的图标图片。

（4）使用字蛛来代替艺术字体切图。

（5）使用 Srcset 属性减小图片加载时间。Srcset 属性可以根据屏幕密度设置不同的图片，例如，为使用高分辨率设备的用户显示高分辨的图像源，为使用非高分辨率设备的用户显示其他图像源。

（6）设置合适的图片大小。首次加载图片小于 1014KB，宽度小于 640 像素。

4.3 H5页面文本设计

H5 页面文本主要包括标题文本和正文文本。标题文本是整个画面中最重要的信息点，在页面中一般会充当视觉焦点。正文文本则用于展示主要信息，在设计正文时不要随意地堆积，正文在 H5 页面中展示的重要程度应高于画面，以及相应的动效和装饰。

下面将介绍 H5 页面文本设计方法，其中包括标题的格式与设计，控制正文信息量，设置文本格式等。

1. 标题的格式

在 H5 页面文本设计中，要控制标题的字数，标题尽量用一句话说明，且不要换行。如果确实需要换行，可以用两句话来说明，且中间只添加一个标点，标点越多，越不利于用户解读标题的含义。

对于标题中需要强调的信息，可以通过加粗、改变字体颜色等来突显关键字。在标题中不要添加不符合主题的奇怪符号，否则不仅不会增加阅读乐趣，还会影响用户对标题的理解。

2. 标题的设计

有时为了让标题更加突出，会增大标题的字号，这样虽然在页面中突出了标题，却失去了美观。要想解决这个问题，除了尽量选择比较美观的字体外，还要进行一些必要的设计。

- 将标题的字间距调紧一些，使其看上去更紧凑。
- 增加一个副标题，使其有明显的反差。
- 在标题上添加一些装饰元素，如线框、英文、三角或其他图形。

- 将标题中的某个文字或词语图形化。
- 为标题添加一些辅助性的图形，使其显得更加有趣、生动。
- 为标题添加投影、底色、背景图片等。
- 将标题文字进行拆分，并重新对文字进行排版。

3．控制正文信息量

由于手机屏幕大小有限，H5 正文的字数一定要尽量压缩，将关键的信息提取出来并集中展示即可。若要展示的信息量很大，可以将其进行多页展示，并将内容进行可视化处理，或增加页面的层级，点击按钮后在展开的浮窗中显示详细的信息。

4．设置字体

在一个 H5 作品中，使用的字体尽量不要超过三种，可以为中文设置一个字体，为英文设置一个字体。如果想多使用一种字体来创造出对比反差，可以先通过改变字体字号、颜色、字母大小写、加粗及位置等方法来实现。在字体的选择上，建议使用无衬线类字体（如苹果丽黑、思源黑体、兰亭黑体等）作为正文字体，少用花哨、复杂的字体。

在加粗文本时，不建议使用 Photoshop 中的文本加粗功能，因为它会破坏字体本身的美感，还会改变文本原本的字宽，影响段落文本的对齐效果。合理的方式是使用字体本身的字重来控制字体粗细，如苹方、STHeiti、Helvetica Neue 等字体本身提供 Light、Regular、Medium 等多种字重选择。

5．设置正文字号和颜色

H5 的正文内容最好使用同一字号。一般来说，移动端 H5 的正文字号范围为 14px~20px，例如，微信界面中的字号为 17px，而聊天窗口中默认的字号为 15px。如果对字号的大小不敏感，还可以通过控制每行的字数来设置所需的字号。

在设置文本颜色时，建议不要使用高饱和度的颜色，因为高饱和度的颜色容易引起视觉疲劳，而中、低饱和度的颜色则不会。正文字体最好不要使用彩色，可以选择黑、白、灰这些没有色相的颜色，容易与背景色进行搭配。文字的颜色一般不使用纯黑色，因为纯黑色的饱和度比较高。

6．设置间距

设置间距是指设置文本的字间距、行间距及边距等。设置这些间距就是要留下足够的空间给用户，使其阅读起来不会觉得困难。人的眼睛是呈 Z 字型进行阅读的，有一个视域范围，通过设置间距可以将文本控制在视域范围之内，阅读起来就会更轻松。

7．设置对齐方式

对齐方式包括左对齐、右对齐、居中对齐、两端对齐，以及其他的特殊对齐方式。在进行 H5 页面文本设计时，应根据实际情况进行选择。如果全是短句，可以采用居中对齐的方式，行距也要拉大。在多数情况下，采用的是左对齐或两端对齐。两端对齐可以使每行文本占据的空间相等，两侧不会有起伏边。

8．添加文字装饰

在设计正文文本时，可以根据页面内容的主题适当添加一些装饰元素，如项目符号、图标、图形等，但这些元素一定不要太抢眼，起到辅助装饰作用即可，否则就会喧宾夺主，效果反而不好。如果觉得 H5 页面还不够饱满，可以插入一张符合 H5 主题的图片作为装饰。

9．设置文字层级

对于 H5 页面中的文字，设计师可以通过对字体、字号、粗细、颜色、间距等的对比，让页面中的文字层级更加清晰。

图 4-21 所示为 H5 页面中的文本设计案例。左图对标题文本进行了重新设计，使用直线、圆形、英文等对标题文本进行装饰，其他文本以居中对齐的方式显示，并设计了不同的文字大小和间距以突出重要信息。中图对标题和副标题文字进行了加大、加粗和底纹装饰设计，正文文本前则添加了项目符号，并通过添加底色突出内容重点。右图对不同层级的文字进行了大小、颜色、加粗、描边等设计。

图4-21　H5页面文本设计

4.4　实战案例——制作邀请函H5页面

下面使用 Photoshop 和 H5 制作工具易企秀来制作邀请函 H5 首页，首先在 Photoshop 中制作 H5 页面，然后将制作好的 PSD 图片上传到易企秀 H5 编辑器中。

4.4.1　使用Photoshop制作邀请函首页

在制作 H5 页面前，应先了解易企秀 H5 编辑器对图片的一些要求，例如，图像模式为 RGB 颜色 /8 位，手机外边框尺寸为 640 像素 ×1040 像素，手机内边框尺寸为 640 像素 ×972 像素；制作的 PSD 文件大小不得超过 30MB，图层不能超过 30 个，且每个图层大小不超过 5MB。

下面以制作邀请函首页为例，介绍使用 Photoshop 制作 H5 界面的具体操作方法。

步骤 01 启动 Photoshop CC，按【Ctrl+N】组合键打开"新建文档"对话框，输入文档名称，设置文档大小为 1040 像素 ×640 像素，设置分辨率、颜色模式等参数，然后单击"创建"按钮，如图 4-22 所示。

步骤 02 按【Ctrl+S】组合键保存文档。设置前景色为"#1e264f"，按【Alt+Delete】组合键填充前景色，如图 4-23 所示。

图4-22　新建文档

步骤 03 打开"素材文件\第 4 章\素材 .psd"，选择"纹理"图层，将其拖至"邀请函封面"窗口中，如图 4-24 所示。

图4-23　填充颜色

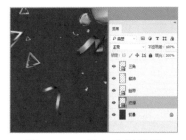

图4-24　导入素材图像

步骤 04 设置"纹理"图层的"不透明度"为 80%，按【Ctrl+T】组合键调整图像的大小和位置，如图 4-25 所示。

步骤 05 打开"素材文件\第 4 章\诚挚邀请 .png"，将素材图片拖至"邀请函封面"窗口中，选择"诚挚邀请"图层，使用矩形选框工具绘制"诚"字

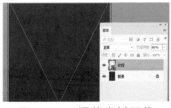

图4-25　调整素材图像

的矩形选区，如图4-26所示。

步骤 06 按【Ctrl+J】组合键，即可复制选区内的图像到新图层中。按住【Ctrl】键的同时单击"图层1"图层，然后按【Alt+Delete】组合键填充背景色为白色，如图4-27所示。按【Ctrl+D】组合键取消选区，并将该图层重命名为"诚"。

图4-26　导入素材并创建选区

图4-27　复制图像并填充白色

步骤 07 采用同样的方法，制作"挚""邀""请"文字图层，使其从素材图片中分离出来，如图4-28所示，然后选择"诚挚邀请"图层，按【Delete】键将其删除。

步骤 08 按【Ctrl+R】组合键显示标尺，从标尺上拉出三条参考线，其中垂直参考线为图像的中心位置，水平参考线的位置分别为"34像素"和"1006像素"。分别摆放各文字的位置，并根据需要调整各文字的大小，如图4-29所示。

图4-28　制作其他文字图层

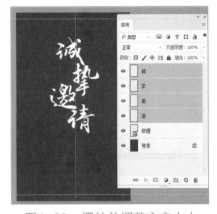
图4-29　摆放并调整文字大小

步骤 09 在"工具"面板中选择矩形工具，在工具选项栏中设置工具模式为"形状"，无填充，白色"描边"2像素，如图4-30所示。

步骤 10 在图像中绘制矩形，根据需要调整矩形的大小和位置，此时在"图层"面板中出现"矩形1"形状图层，如图4-31所示。

图4-30 设置矩形工具

图4-31 绘制矩形

步骤 11 按【Ctrl+J】组合键复制"矩形 1"图层，然后调整形状的位置。按住【Ctrl】键的同时单击选中两个矩形形状图层，然后用鼠标右键单击选中的图层，在弹出的快捷菜单中选择"栅格化图层"命令，如图 4-32 所示。

步骤 12 按【Ctrl+E】组合键合并两个图层，使用矩形选框工具在文字和图形相交的地方创建选区，按【Delete】键删除选区内的线框，如图 4-33 所示。

图4-32 复制矩形并栅格化图层

图4-33 创建选区并删除线框

步骤 13 根据需要删除其他不需要显示的线框，然后按【Ctrl+H】组合键隐藏参考线，如图 4-34 所示。

步骤 14 使用直线形状工具绘制直线，并通过拼接、复制等操作制作修饰图形，然后栅格化图层，如图 4-35 所示。

图4-34 删除不需要的线框

图4-35 制作修饰图形

步骤⑮ 使用文本工具输入文字，在"字符"面板中设置字体、大小、字距、颜色等参数，如图4-36所示。

步骤⑯ 在图像中使用文本工具添加其他文字，也可以复制文字图层并修改文本，在"参会时间"文本的下一层插入圆角矩形形状，如图4-37所示。在设置文本字体大小和字距格式时，可以通过组合键来快速调整，按【Alt+←】和【Alt+→】组合键可以调整字距，按【Ctrl+Shift+>】和【Ctrl+Shift+<】组合键可以调整字号。

图4-36　输入文字并设置字符属性

图4-37　添加其他文字

步骤⑰ 在"工具"面板中选择钢笔工具，在工具选项栏中设置工具模式为"形状"，填充颜色为"#0b143d"，无描边，如图4-38所示。

步骤⑱ 使用钢笔工具在图像下方绘制形状，此时将生成"形状1"图层，如图4-39所示。

图4-38　设置钢笔工具

图4-39　绘制形状

步骤⑲ 在"图层"面板下方单击"添加图层样式"按钮*fx*，选择"外发光"选项，如图4-40所示。

步骤⑳ 在弹出的对话框中设置不透明度、大小等参数，然后单击"确定"按钮，如图4-41所示。

图4-40　选择图层样式

图4-41　设置"外发光"样式

步骤㉑ 采用同样的方法，使用钢笔工具再绘制一个形状，并设置图层样式，如图4-42所示。要应用相同的图层样式，可以用鼠标右键单击要复制样式的图层，选择"拷贝图层样式"命令，然后用鼠标右键单击目标图层，选择"粘贴图层样式"命令。

步骤㉒ 使用直线工具在"诚邀您参加我公司年会盛会"文本右侧绘制一条直线，在"图层"面板下方单击"添加图层蒙版"按钮 ⬛，如图4-43所示。

图4-42　绘制图形并应用图层样式

图4-43　绘制直线

步骤㉓ 此时，即可为图层添加蒙版。选中图层蒙版，使用渐变工具在蒙版上绘制白色到黑色的渐变，即可完成渐变线的制作，如图4-44所示。

步骤㉔ 按【Ctrl+J】组合键复制直线形状图层，然后调整直线形状的位置，按【Ctrl+T】组合键显示编辑框，用鼠标右键单击编辑框，选择"水平翻转"命令水平翻转形状，效果如图4-45所示。

图4-44　在蒙版上绘制渐变

图4-45　复制直线并水平翻转

步骤 25 在"工具"面板中选择渐变工具 ▣ ，打开"渐变编辑器"窗口，设置渐变色，两个色块的颜色值分别为"#171d3c"和"#1e264f"，然后单击"确定"按钮，如图 4-46 所示。

步骤 26 在"图层"面板中选择"背景"图层，在工具选项栏中单击"径向渐变"按钮 ▣ ，选中"反向"复选框，使用渐变工具从图像中间向外拖动绘制径向渐变，如图 4-47 所示。

图4-46 设置渐变色　　　　　　　图4-47 绘制径向渐变

步骤 27 打开"素材 .psd"，使用矩形选框工具框选所需的三角形修饰图像，按【Ctrl+J】组合键将其复制到新图层，然后拖动图像到"邀请函封面"窗口中，如图 4-48 所示。

步骤 28 按【Ctrl+T】组合键，调整素材图像的大小和位置，如图 4-49 所示。

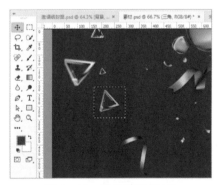

图4-48 选择装饰图像　　　　　　图4-49 调整图像大小和位置

步骤 29 单击"滤镜"|"模糊"|"高斯模糊"命令，在弹出的"高斯模糊"对话框中设置模糊"半径"为 2.5 像素，然后单击"确定"按钮，如图 4-50 所示。

步骤 30 按【Ctrl+J】组合键复制图层，然后调整修饰图像的大小、位置和旋转角度，如图 4-51 所示。

图4-50　"高斯模糊"对话框

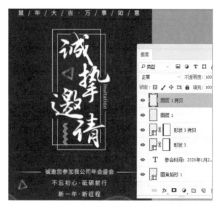

图4-51　复制并调整图像

步骤 ③1 采用同样的方法，从"素材.psd"文件中将所需的修饰图像导入主窗口，并调整图像的大小和位置，效果如图4-52所示。

步骤 ③2 对图像中的某些元素进行整体调整，可以在"图层"面板中选中这些元素所在的图层，然后按【Ctrl+T】组合键，调整其大小或位置，最终效果如图4-53所示。

图4-52　添加其他修饰图像

图4-53　邀请函H5首页

4.4.2　将PSD文件导入H5页面

在易企秀H5中导入PSD文件前，需要栅格化带有效果的图层，如图层样式、图层蒙版、透明度、智能对象等效果，将其变为普通图层。而对于不需要单独制作动效的图层，建议将其进行相应的合并处理。

下面将详细介绍如何将PSD文件导入H5页面，具体操作方法如下。

步骤 ①1 在"图层"面板中选中智能对象图层并用鼠标右键单击，在弹出的快捷菜单中选择"栅格化图层"命令，如图4-54所示。

步骤 02 对于设置了透明度的图层，可以选择该图层后单击"新建图层"按钮 🔲，创建一个新图层，然后按【Ctrl+E】组合键向下合并图层，如图 4-55 所示。

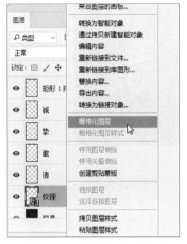

图4-54　栅格化智能对象

图4-55　新建图层并合并

步骤 03 对于带有图层样式的图层，可以用鼠标右键单击该图层，在弹出的快捷菜单中选择"栅格化图层样式"命令，如图 4-56 所示。

步骤 04 对于带有图层蒙版的图层，可以单击蒙版将其选中，然后用鼠标右键单击选中的蒙版，在弹出的快捷菜单中选择"应用图层蒙版"命令，如图 4-57 所示。

图4-56　栅格化图层样式

图4-57　应用图层蒙版

步骤 05 拖动图层调整图层顺序，将需要合并的图层调整为相邻的图层，然后按住【Ctrl】键的同时选中要合并的图层并用鼠标右键单击，在弹出的快捷菜单中选择"合并图层"命令，如图4-58所示。

步骤 06 若图层中的图片比较大，超出了画布范围，可以根据需要将其进行裁剪。在"图层"面板选中图层后，按【Ctrl+A】组合键创建整个画布选区，然后单击"图像"|"裁剪"命令即可，如图4-59所示。

图4-58　合并图层

图4-59　裁剪图像

步骤 07 打开易企秀官网并登录账号，进入"我的作品"页面，单击"空白创建"按钮，如图4-60所示。

步骤 08 进入易企秀编辑器页面，在组件栏中单击"导入PSD"按钮**Ps**，在弹出的对话框中单击"上传原图PSD文件"按钮，如图4-61所示。

图4-60　单击"空白创建"按钮

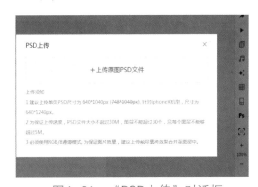

图4-61　"PSD上传"对话框

步骤 09 弹出"打开"对话框，选择PSD文件，然后单击"打开"按钮，如图4-62所示。

步骤 10 此时，即可在易企秀中导入PSD图片。图片中的各元素均使用单独的图层存放，方便用户后期进行管理，如替换图片、更改样式、添加动画等，如图4-63所示。

图4-62　选择PSD文件

图4-63　导入PSD文件

课后习题　↓

一、简答题

1. 简述 H5 页面版式设计有哪些方法。
2. 简述 H5 页面图片和文本的设计方法。

二、实操训练题

1. 请分析图 4-64 所示的 H5 页面在图文设计上采用了哪些方法。
2. 打开"素材文件\第 4 章\感恩节素材 .psd"，使用 Photoshop 制作感恩节营销活动 H5 页面，并将其导入易企秀 H5 编辑器中，效果如图 4-65 所示。

图4-64　H5页面图文设计

图4-65　感恩节H5页面

第5章

影音设计
增强H5画面的张力氛围

学习目标

- 了解H5动画/视频制作的策略、工具与方法。
- 掌握H5背景音乐/音效的设计技巧。
- 掌握H5音乐素材的搜集渠道和编辑方法。

优秀的 H5 作品往往融合了视觉、听觉和触觉元素，具有丰富的交互方式。因此，H5 仅有丰富的画面是不够的，还需要配上生动的视频和音乐，设计师只有进行生动的影音设计，才能提高用户浏览的兴趣，增强H5 画面的张力氛围，让用户沉浸其中，给其带来丰富的感官体验。本章将介绍 H5 影音设计的各种方法与技巧。

5.1 H5动画/视频设计

H5 中的动画 / 视频不仅能够激活作品表达的氛围，还能起到信息衔接和串联的作用，所以动画 / 视频设计也是 H5 设计人员的必备技能之一。下面将介绍 H5 动画 / 视频的制作策略，以及常用的 H5 动画 / 视频制作工具。

5.1.1 H5动画/视频制作策略

H5 页面设计与动画 / 视频效果很难分割，引人入胜的动画 / 视频效果离不开设计人员精心的构思与设计。下面将介绍 H5 动画 / 视频制作的几种策略。

1. 增强用户与H5视频的交互体验

随着 H5 设计理念的不断进步，H5 设计已经从注重单一的页面设计发展到注重创意，以及增强用户的互动体验。要想让 H5 在众多的传播媒体中脱颖而出，就必须增强线上 / 线下用户的互动体验感，以丰富的交互形式和沉浸式体验来打动用户。

例如，秒拍出品的《据说打开这个 H5 的人都圆了自己小时候的梦》H5（见图 5-1），以奇妙的童话故事形式进行展现。在互动方式上，设置了很多需要用户触摸点击才能进行下一步的导航，调动了用户的积极性，增强了体验感。

2. 添加有趣的loading画面

loading 画面的趣味性直接影响着用户的浏览心态与留存心理。现在 H5 的内容大都很丰富，需要加载的内容很多，用户往往会因为需要不断加载内容而放弃浏览。如果添加一个有趣的 loading 画面，就可以大大缓解用户等待的无聊感，不仅可以让用户了解目前加载的状态，还能吸引用户的注意力，把加载等待变成一件有趣的事情。

例如，腾讯出品的《这可能是地球上最美的 H5》H5（见图 5-2），其 loading 画面向用户呈现了浩瀚的宇宙星系图。在星星点点的夜空中，美丽的行星体围绕着太阳旋转，有趣、动态的 loading 画面不仅缓解了用户等待的枯燥感，还激发了其浏览的兴趣。

3. 视频时长与大小要符合用户心理接受范围

腾讯体验部门 2017 年对视频类 H5 的研究结果显示：对于视频小于 100 秒和大于 100 秒的末屏平均触达率，分别为 39% 和 6%，视频小于 100 秒用户停留时长接近视频时长。从中可以看出用户对视频时长的一个普遍心理接受范围是小于 100 秒的。

图5-1　《据说打开这个H5
的人都圆了……》H5

图5-2　《这可能是地球上
最美的H5》H5

此外，H5 视频的大小与用户的网络流量耗费及加载时间息息相关。为了解决 H5 上传速度慢，影响用户体验等问题，需要设计人员在保证画质的前提下对视频进行适当的压缩。

4．合理设置视频页面功能

在 H5 制作过程中，可以根据不同的应用场景为视频页面设置以下功能。

（1）声音开关功能：用户打开 H5 的场景多种多样，声音开关功能可以保障用户在不同的场合下进行声音的开关控制。

（2）引流功能：动画/视频所服务的对象通常要承担引流需求，设计人员可以按照优先级进行考虑，并根据 H5 视频剧情给出不同的利益引导。

（3）分享功能：如果 H5 视频没有外部推广的途径，其传播还是需要依靠用户分享。设计人员可以根据 H5 视频剧情给出不同的利益引导，促使用户点击分享按钮来分享视频。

（4）跳过功能：该功能可以让用户体验到掌控感，给予了他们选择的权利，并让用户再次浏览时能够更快地触及引流功能。

（5）重播功能：设计人员还要考虑用户对 H5 视频是否有反复浏览的需求，根据分析结果来决定是否设置重播功能。

例如，颐璟万和出品的《原来你是这样的康熙！》H5（见图 5-3），用康熙说 RAP 的趣味视频来进行楼盘宣传，自动播放一段时长 1 分 30 秒的视频后显示楼盘宣传海报。在结尾页面中，用户可以点击分享或者重新观看。

又如，新东方出品的《父母VS娃，到底谁该说谢谢》H5（见图5-4），以"成为更好的父母"为主题，在真人视频播放过程中会出现询问交互，用户可以根据页面提问点击选项进行回答，这种H5设计通过点击回答逐步推动视频情节的发展，吸引用户了解故事的真相，起到了很好的引流作用。此外，该H5给予用户选择权，预设了跳过功能，用户不但会产生浓郁的沉浸式体验，而且可以感受到掌控视频的满足感。

图5-3　《原来你是这样的康熙！》H5　　图5-4　《父母VS娃，到底谁该说谢谢》H5

5.1.2　常用的H5动画/视频制作工具

H5动画/视频制作工具众多，常用的制作工具有After Effects、Premiere，以及模板制作工具等，下面将简要介绍这些工具。

1．After Effects

After Effects，简称AE，它是由Adobe公司推出的一款视频剪辑及设计软件，是制作动态影像不可或缺的辅助工具，也是视频后期合成处理的专业非线性编辑软件，被广泛应用于电影/电视节目制作、广告设计、多媒体和网页设计等领域。借助After Effects提供的配套工具，可以快速地制作出H5动画/视频。图5-5所示为After Effects的工作窗口。

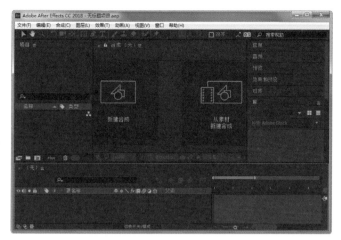

图5-5 After Effects工作窗口

2．Premiere

Premiere 是一款流行的非线性视频编辑处理软件，设计师应用它能够完成视频采集、剪辑、调色、音频编辑、字幕添加、输出等一系列工作，Premiere 在影视后期、广告制作、电视节目制作等领域有着广泛的应用，同样在视频编辑与制作领域也是非常重要的工具。Premiere 功能强大，操作灵活，易学且高效。图 5-6 所示为 Premiere 的工作窗口。

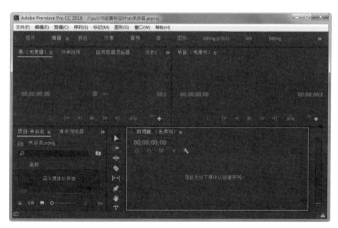

图5-6 Premiere工作窗口

3．模板制作工具

在制作 H5 动画／视频时，除了使用视频编辑软件外，还可以使用模板来快速生成视频。用户可以在搜索引擎中输入"视频模板"关键字，即可搜出 H5 动画／视频制作的网站。该类网站提供的视频模板有的可以直接在线编辑，有的则需要将模板文件下载到本地计算机，然后将其导入 Premiere 或 After Effects 进行编辑制作。

例如，易企秀视频是一款针对移动互联网营销、H5 场景应用的在线视频制作工具，用户可以利用易企秀提供的视频模板进行图文替换、编辑音乐、上传视频、发布预览和分享视频等操作。

登录易企秀官方网站，在页面上方单击"免费模板"超链接，然后在导航栏中单击"视频"超链接，在打开的页面中可以新建视频，或者使用现有的模板创建视频，如图 5-7 所示。

图5-7 易企秀官方网站

5.1.3 实战案例——使用易企秀制作健身会所宣传视频

使用易企秀可以制作企业营销、活动促销、年会等各种视频，并将其运用到 H5 场景中进行宣传与推广。下面将介绍使用易企秀制作健身会所宣传视频，具体操作方法如下。

步骤 01 登录易企秀官网，并进入"我的作品"页面，在上方单击"视频"超链接，然后单击"模板创建"按钮，如图 5-8 所示。

图5-8 单击"模板创建"按钮

步骤 02 在打开的页面中选择"片头片尾"选项卡，单击"横版"按钮筛选视频，选择所需的视频模板，然后单击"立即使用"按钮，如图 5-9 所示。

图5-9　选择模板

步骤 03 打开"详情"页面，查看可以替换的内容，然后单击"立即使用"按钮，如图 5-10 所示。

图5-10　"详情"页面

步骤 04 选中视频素材，单击右侧的"更换图片"按钮，如图 5-11 所示。

图5-11　单击"更换图片"按钮

步骤 05 打开"图片库"页面，上传并选择图片，如图5-12所示。

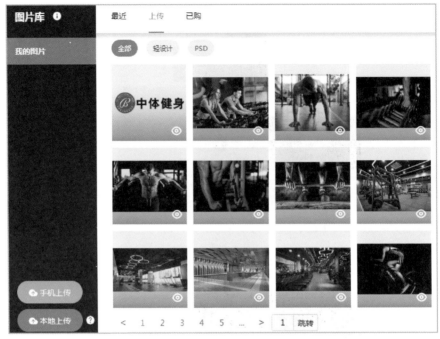

图5-12　上传并选择图片

步骤 06 此时即可替换视频图片，单击右上方的"设置"按钮，如图5-13所示。

步骤 07 输入视频标题"中体健身片头"，然后单击"生成视频"按钮，如图5-14所示。

图5-13　单击"设置"按钮

图5-14　设置视频标题

步骤 08 此时，开始生成视频并显示进度，如图5-15所示。视频生成完成后，即可完成视频片头的制作。在制作片尾视频时，采用同样的方法进行操作。

图5-15 生成视频

步骤 09 打开视频模板列表，选择需要使用的模板，然后单击"立即使用"按钮，如图 5-16 所示。

图5-16 选择视频模板

步骤 10 打开"详情"页面，查看可以替换的内容，单击"立即使用"按钮，如图 5-17 所示。

图5-17 "详情"页面

步骤⑪ 在打开的页面右侧选择要编辑的视频片段，如图 5-18 所示。

图5-18　选择视频片段

步骤⑫ 选择视频素材，在"素材编辑"选项卡下单击"更换图片"按钮，如图 5-19 所示。

图5-19　单击"更换图片"按钮

步骤⑬ 打开"图片库"页面，上传并选择图片，如图 5-20 所示。

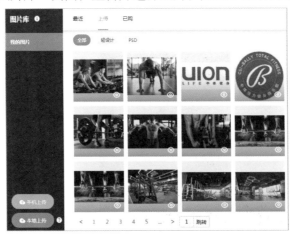

图5-20　上传并选择图片

步骤 ⑭ 裁切图片，并选择需要的滤镜效果，如图 5-21 所示。

图5-21 裁切图片并选择滤镜

步骤 ⑮ 此时，即可完成图片的替换，接下来根据需要替换文本，如图 5-22 所示。

图5-22 替换文本

步骤 ⑯ 采用同样的方法，继续编辑其他视频片段中的素材，如图 5-23 所示。

图5-23 编辑其他素材

步骤⑰ 在页面左侧选择"我的"选项,然后选择"视频"选项卡,单击"片头片尾"超链接,选择前面制作的片头素材,单击"设为片头"按钮,如图 5-24 所示。

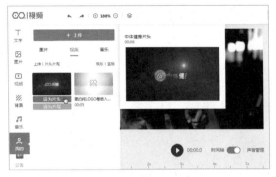

图5-24　设置片头

步骤⑱ 此时,即可将视频素材设置为视频的片头。在页面右侧单击"转场动画"按钮 🔲,在弹出的面板中选择转场动画和转场速度,然后单击"播放"按钮 ▶,即可预览转场效果,如图 5-25 所示。

图5-25　设置转场动画和转场速度

步骤⑲ 单击页面右上方的"设置"按钮,在打开的页面中输入视频标题和描述,然后单击"生成视频"按钮,如图 5-26 所示。

图5-26　设置视频标题和描述

步骤 ⑳ 生成视频后，单击 ▦ 按钮可以全屏播放视频，单击"下载"按钮，如图5-27所示。

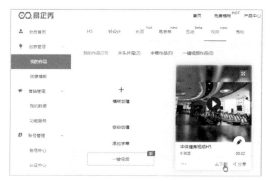

图5-27 单击"下载"按钮

步骤 ㉑ 选择需要的视频清晰度，如"高清"，单击其下方的"下载"按钮，如图5-28所示。

图5-28 选择视频清晰度

步骤 ㉒ 此时，即可将视频下载到本地计算机，查看制作的视频效果，如图5-29所示。

图5-29 下载视频

5.2 H5背景音乐/音效设计

令人印象深刻的H5作品，需要有好的背景音乐／音效来衬托，通过音乐／音效来渲染H5主题氛围，增强画面的表现力。因此，H5背景音乐／音效设计也是设计人员需要掌握的重要技能之一。

5.2.1 H5背景音乐/音效的重要性

H5背景音乐／音效的重要性主要体现在以下几个方面。

1.推动视频情节发展

由于大多数H5动画／视频在表达方式上存在一定的想象空间和虚构情节，所以需要背景音乐／音效来填充，这样能够更好地调动用户的情绪，推动视频情节的发展。例如，百事可乐推出的《打卡百事潮流新地标》H5（见图5-30），在视频中交替使用快慢节奏的音乐，快节奏的动感音乐加上激情的MV，能够带给用户青春、活力的感受，同时凸显H5活动的感染力；而慢节奏的音乐使用户有反应和思考的时间，进而深入体验H5所要表达的主题。

2.渲染H5场景氛围

背景音乐／音效可以为H5营造一种特定的氛围，能够起到深化视觉的效果，增强画面感染力的作用。当背景音乐／音效融入动画／视频后，可以使用户的听觉和视觉完美契合，很好地渲染H5主题氛围，引起用户的情感共鸣。

一般地产公司的H5为了宣传优质的居住环境，大都会采用大自然风格的轻音乐。例如，绿都地产推出的《将洛阳的山河九园，装进一本书》H5（见图5-31）就使用了这种风格的背景音乐。但在制作活动邀请函H5时，如果使用大自然风格的音效，恐怕用户就会昏昏欲睡，也难以激发用户参与报名的热情和积极性，所以使用哪种风格的背景音乐／音效取决于H5的应用场景。

图5-30 《打卡百事潮流新地标》H5 图5-31 《将洛阳的山河九园，装进一本书》H5

3．符合H5主题和内容

对于 H5 视频中的背景音乐 / 音效而言，其构思、创作及选取都要符合 H5 的主题和内容。只有这样，才能触动用户的心灵深处，引发其情感上的共鸣，使视频内容更加深入人心。

例如，腾讯公益推出的《敦煌未来博物馆》H5（见图 5-32），采用了大气恢宏的背景音乐，不仅符合 H5 主题和内容，也展现了璀璨的敦煌文化，而这种大气恢宏的氛围是难以用语言表现的。

图5-32　《敦煌未来博物馆》H5

5.2.2　为H5页面添加背景音乐/音效

如果没有音乐 / 音效的支撑，H5 很可能就会缺乏生机、黯然失色，所以背景音乐 / 音效的重要性不言而喻。下面将介绍一些 H5 背景音乐 / 音效制作的技巧。

1．选择纯音乐而非歌曲

很多设计人员经常从网上的音乐库中寻找切合 H5 主题的歌曲，直接应用于 H5 中作为背景音乐，这种做法是不值得提倡的。因为歌曲有着相当复杂的节奏，包含着很大的信息量，如果用户边听歌词边浏览 H5，无疑声音和画面难以很好地融合在一起，影响用户对 H5 主题和内容的体验。即便将现成的歌曲与 H5 页面牵强地搭配在一起，也很可能仅仅是一部分与画面合拍，很难达到整体上与画面的完美结合，因此在选取音乐素材时尽量选择纯音乐而非歌曲。

公益广告 H5 多采用优雅的纯音乐，例如《解密你的专属守护动物》H5（见图 5-33），随着音乐的缓缓响起，各种形态的湿地动物陆续出现在用户眼前，进而引起用户的关注。纯音乐与歌曲相比较，有着无人声和信息量少的优点，用户会更多地关注 H5 页面，而免受歌词的影响。

图5-33　《解密你的专属守护动物》H5

2. 音乐的长度与体积适中

一般来说，H5 背景音乐的长度时间不宜过长，一般前奏以 30 秒左右为宜，主题音乐的长度为 3~4 分钟，如图 5-34 所示。另外，为了保证 H5 能够顺畅地播放，背景音乐的体积通常要小于 200KB。如果音频文件过大，可以利用格式工厂等软件来减小其体积。

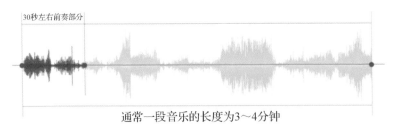

图5-34　主题音乐的长度

3. 为音乐设置过渡效果

当准备好背景音乐后，还不能直接将其用到 H5 中，需要为音乐设置过渡效果。

因为 H5 背景音乐大都是经过裁剪的，在播放时有时会不太自然，设置过渡效果可以使背景音乐循环播放时变得自然、流畅。

音乐过渡效果的实现也较为简单，在音乐开始时添加"淡入"效果，即音量逐渐变强的过程；在音乐结尾时，加入"淡出"效果，即音量逐渐变弱的过程，这样会让用户觉得过渡自然而舒适。一般来说，"淡入""淡出"效果控制在 2 秒左右。当然，也要根据具体情况做出相应的调整。

5.3　H5音乐素材的搜集与编辑

"巧妇难为无米之炊"，设计人员只有拥有丰富的音乐素材，才能从中选取适合制作 H5 作品的音乐。下面将介绍几个搜集音乐素材的渠道，以及如何使用工具软件编辑 H5 背景音乐。

5.3.1　搜集音效素材的渠道

为 H5 作品设计背景音乐/音效时，设计人员可以利用百度网站搜索关键词"音效""配乐""背景音乐"等，即可找到大量提供音频素材的网站。下面推荐几个下载音频素材的网站。

1．Adobe免费音效库

Adobe 公司提供了专业级的音效、配乐素材库，打开 Adobe 音效库网页（见图 5-35），单击相应的超链接即可下载。

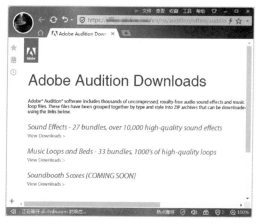

图5-35　Adobe免费音效库

2．FindSounds

FindSounds 是一个免费音频搜索引擎（见图 5-36），该搜索引擎包含了 100

多万个各式各样的音效。

图5-36　FindSounds网站首页

3．FreeSFX

FreeSFX 网站是一个音效搜索引擎（见图 5-37），用户注册以后可以免费下载使用其中的音效。

4．OpenGameArt

OpenGameArt 网站是一个为游戏开发者提供素材的站点，从 sprite 表到 3D 模型，从音乐到音效，种类非常丰富，其首页如图 5-38 所示。

图5-37　FreeSFX网站首页

图5-38　OpenGameArt网站首页

5．Sound Jay

Sound Jay 网站提供免费的高质量音效素材，分类清晰，但数量有限，其首页如图 5-39 所示。

6．音乐网站搜索平台

目前，国内比较有影响力的音乐门户网站有 QQ 音乐、虾米音乐、酷狗音乐、网易云音乐等。这些平台的音效内容丰富、品类齐全，在搜索时直观、简单，能够让用户快速找到自己需要的主题音乐。图5-40所示为网易云音乐网站"轻音乐"歌单页面。

图5-39 Sound Jay网站首页　　　图5-40 网易云音乐"轻音乐"歌单页面

5.3.2 实战案例——使用Audition制作H5背景音乐

Audition是一款专业的音频编辑工具，具有创建、混合、编辑和复原音频内容等功能，利用它可以制作出各种好听、震撼的背景音乐。下面将介绍如何使用Audition制作H5背景音乐，具体操作方法如下。

步骤01 启动Audition程序，按【Ctrl+N】组合键，打开"新建多轨会话"对话框，设置会话名称和各项参数，然后单击"确定"按钮，如图5-41所示。

步骤02 此时，即可创建一个会话文件。选择"文件"选项卡，在空白位置双击鼠标左键，如图5-42所示。

图5-41 "新建多轨会话"对话框　　图5-42 创建会话文件

步骤03 弹出"导入文件"对话框，选择音乐素材文件，然后单击"打开"按钮，如图5-43所示。

步骤04 将bgm1音频文件拖至"轨道1"上，如图5-44所示。

图5-43 "导入文件"对话框

图5-44 添加音频素材

步骤 05 在上方拖动缩放导航器定位位置，在缩放导航器上滚动鼠标滚轮，放大音轨波形视图。将时间指示器▇定位到要切分的位置，按【Ctrl+K】组合键切分音频，如图5-45所示。选中左侧的音频素材，按【Delete】键即可将其删除。

步骤 06 将音频素材拖至最左侧0秒的位置，将鼠标指针置于音频素材的出点位置，当鼠标指针变为▇样式时向左拖动，修整音频素材，如图5-46所示。

图5-45 分割音频素材

图5-46 修整音频素材

步骤 07 拖动音频素材左上方的淡入标记▇，为音频设置淡入效果。在拖动标记时按住【Ctrl】键，可以设置淡化形状，如图5-47所示。采用同样的方法，为音频素材设置淡出效果。

步骤 08 将bgm2音频文件拖至"轨道2"中，按照前面介绍的方法修整音频素材，并设置音频淡入效果，如图5-48所示。

图5-47 设置淡入效果

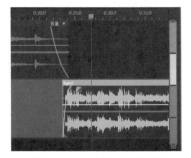

图5-48 编辑音频素材

步骤 09 选中"轨道 1"中的音频素材，打开"效果组"面板，单击"音轨效果"按钮，在"预设"下拉列表中选择所需的音频效果，如图 5-49 所示。

步骤 10 此时，即可添加一组音频效果。单击音频效果右侧的▶按钮，可以编辑、移除或增加新效果，如图 5-50 所示。

图5-49　选择音频效果

图5-50　设置音频效果

步骤 11 音频编辑完成后，单击"文件"|"导出"|"多轨混音"|"整个会话"命令，在弹出的"导出多轨混音"对话框中设置各项参数，取消选择下方的复选框，单击"格式设置"右侧的"更改"按钮，如图 5-51 所示。

步骤 12 弹出"MP3 设置"对话框，选中"动态"单选按钮，在"质量"下拉列表中选择所需的音频质量，然后依次单击"确定"按钮，即可导出音频，如图 5-52 所示。

图5-51　"导出多轨混音"对话框

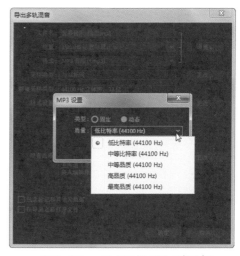

图5-52　"MP3设置"对话框

课后习题 ↓

一、简答题

1. 简述 H5 页面动画 / 视频制作策略。
2. 简述 H5 页面添加音乐 / 音效的技巧。

二、实操训练题

1. 在易企秀网站搜索"产品展示"视频模板，并进行图文替换，制作一个新的"产品展示"视频并下载。
2. 使用 Audition 打开"素材文件 \ 第 5 章 \ 歌曲 .mp3"，将歌曲的前奏音乐修剪为 H5 的背景音乐。

第6章

动效设计

打造H5页面交互体验

学习目标

- 了解H5页面动效的实现方法。
- 掌握H5页面动效的设计准则。
- 掌握在易企秀中制作动效页面的方法。

　　动效设计是优化 H5 用户体验的重要手段之一，它强化了页面的互动性和生命力。动效可以让用户更快速地从页面中获取反馈，为用户提供更快、更有效的交互体验，让关键元素脱颖而出，用实时、动态的方式创造引人入胜的体验。本章将详细介绍 H5 页面动效的实现方法，H5 页面动效的设计准则，以及在易企秀中制作动效页面的操作方法。

6.1 H5页面动效实现方法

在 H5 页面中，小到 loading 动画、表单动效，大到各式各样的 H5 页面的动画展现，动效设计在 H5 中处处可见。下面将介绍 H5 页面动效的常见实现方法。

1．GIF动画

图形交换格式（Graphics Interchange Format，GIF）动画适用于动画面积少、颜色数量少、背景色较浅的微动效。其优势在于"体型"小、可压缩、制作成本低，且适用于各种操作系统，无兼容性的后顾之忧。

制作 GIF 动画的方式有很多，如利用 Photoshop 制作时间轴动画，或者利用 Flash、After Effects 将制作的动画导出为 GIF 格式等。GIF 动画常用于 H5 动效中的 loading 导航条、热门小标签等元素中。

2．视频动画

视频可以呈现各种精彩的动效，具有很强的感染力。视频虽可以边加载边播放，但在网速慢的情况下视频文件的体积依旧是影响页面效果的重要因素。视频播放需要解码的过程，且分辨率普遍较高，比较消耗硬件资源，会给播放设备带来发热、耗电的问题。

多数视频类的 H5 都是为视频套了一个 H5 的"外壳"，并加入一些简单的播放、暂停、进度调整等交互操作设置。

3．逐帧动画

逐帧动画，又称序列帧动画，是指利用一张等间距的动画分解逐帧图片，由 JavaScript 脚本或 CSS3 animation 的过渡函数 step() 来控制图片的 background-position，两者结合就可以快速制作出逐帧动画。逐帧动画与 GIF 动画、视频动画的差别在于其可以使用脚本代码控制动画的快慢和动作的暂停。

4．CSS3动画

CSS3 动画多用于实现平面层的动画效果，也能实现一些空间拉伸变化的伪 3D 效果。CSS3 动画的缺陷在于其部分属性还没有被浏览器很好的支持，表现力一般。CSS3 的三大动画属性包括 transform 变形、transition 过渡和 animation 动画。

- transform 变形：拥有 rotate（旋转）、skew（扭曲）、scale（缩放）、translate（移动）和 matrix（矩阵）五大变形特效。
- transition 过渡：拥有修改执行变换的属性、时长、速率和延迟时间的功能，还支持贝塞尔曲线。该属性一般用于制作补间动画。

- animation 动画：可以按照用户设定的 keyframe 值，让元素在一段时间内完成多个连续的动作，使用它可以创建帧动画、路径动画、物理动画和组合动画。

5．SVG动画

SVG（Scalable Vector Graphics）即可缩放矢量图形，是基于可扩展标记语言 XML 并用于描述二维矢量图形的一种图形格式。SVG 主要用于制作基础点线面的矢量形变与移动动画，例如，利用 SVG 动画可以制作非常自然的路径动画，定义不同的形状并产生形变路径。设计师可以利用 SVG 在 H5 中直接绘制矢量图，绘图时每个图形都是以 DOM 节点的形式插入页面中，可以用 JavaScript 或其他方法直接控制。

6．canvas动画

canvas 是 HTML5 语言的新标签，可以将其理解为"画布"，拥有多种绘制路径、矩形、圆形、字符，以及添加图像的方法。它本身是没有绘图能力的，所有的绘制工作必须依赖 JavaScript 来完成。canvas 动画表现力较强，利用可以制作出很好的效果，因为是脚本编写的动画，所以交互性也比较好。

在 H5 动画中，大部分的图表动画都是由 canvas 或 SVG 制作而成的，两者实现的动画效果相似，但也有以下区别。

（1）canvas 是画框，有自己固定的宽高；SVG 是不依赖于分辨率的矢量图，可以任意放大或缩小。

（2）canvas 以 JPG 格式保存图像，SVG 则以文本格式保存图像。

（3）canvas 绘制的图像不占 DOM，而 SVG 绘制的每个图像都是 1 个 DOM 元素。

（4）canvas 适合有许多对象要被频繁重绘的图形密集型动画，如制作飘雪、烟花等；SVG 适合带有大型渲染区域的应用程序，如绘制地图。

（5）canvas 完全依赖脚本绘制，而 SVG 可以直接使用矢量图形转换生成。

7．JavaScript

在 H5 动效中，只要涉及交互反馈的动画，小至滚屏翻页，大到重力感应等，都需要用 Javascript 脚本进行编写。也就是说，所有的交互动画特效都离不开 Javascript 的支持，例如，canvas 所有的绘制工作必须依赖 JavaScript 完成。市面上有很多 Javascript 脚本库，如 D3.js、Three.js、Chart.js 等，运用它们可以制作出非常漂亮的动画效果。

8．Animate CC动画转canvas

在 H5 中，Animate（即原来的 Flash）动画转 canvas 的方法也是常用的一种动效实现形式。在 Animate CC 中制作的动画可以导出为 canvas 动画，从而大大缩短制作 canvas 动画所需的时间。它是一个可视化的集成开发环境（Integrated Development Environment，IDE），可以让用户少写很多代码，制作出既复杂又精细的动画。同时，还可以使用帧脚本中的 Javascript 代码，为动画添加多种交互。除了 Animate CC 外，还可以将 After Effects 制作的动画导出为"SVG/canvas/html＋js"。

H5 动效的实现方法主要包括 GIF 动画、视频动画、CSS3 动画、SVG 动画、canvas 动画、JavaScript 动画和 Animate 转 canvas 动画七种，表 6-1 从擅长、性能损耗、交互和成本等方面对动效制作手法进行了汇总。

表 6-1　H5 动效制作手法汇总

	制作手法	擅长	性能损耗	交互	成本
不需要编程	GIF	细节小动画	低	不支持	低
	视频	视频类动画	中	不支持	高
	Animate 转 canvas	高难度动画	中	支持，需嵌入脚本	较高
需要编程	CSS3	平面层动画	部分属性高	支持	较低
	SVG	线条动画	大量使用就高	支持	较高
	canvas	辅助动画交互	相对 SVG 低	支持	高
	JavaScript	绘图动画	可低可高	支持	较高

6.2　优化H5页面动效

在 H5 页面中使用动效，不在于给页面添加了多么炫酷的效果，而在于通过优化细节来提升用户浏览页面的舒适度，提升页面的可理解性。H5 动效设计应以用户为中心，动效应是简单、清晰的。下面将介绍 H5 页面中常见动效设计的优化方法。

6.2.1　翻页动效

翻页动效在 H5 中主要起到承上启下的作用，是一屏与下一屏的连接。H5

翻页动效形式有很多，例如，易企秀 H5 中包括"上下翻页""左右翻页"和"特殊翻页"，其中"上下翻页"和"左右翻页"包括"常规""惯性""连续"和"推出"，"特殊翻页"包括"卡片""立体""放大""交换""翻书""掉落""淡入"和"折叠"等，如图 6-1 所示。

图6-1　易企秀H5翻页动效

　　翻页动效这么多，如何选择合适的动效呢？翻页动效往往展示面积大、持续时间短，页面之间的过渡一定要自然，这样用户观看 H5 内容的连贯性才不会被打断。带着这个原则来选择动效，会发现越简单的动效越是合适的，一般选择"上下翻页"动效即可。因为"上下翻页"动效变化较小，在视觉上的影响也较小。一些"特殊翻页"动效效果强烈，在页面转换过程中会分散用户的注意力，影响用户体验。除非特殊题材的内容需要利用特殊的动效来强调主题，否则不建议使用这类复杂的效果。

6.2.2　页面元素动效

　　H5 动效设计中，为 H5 页面元素添加动效用得最多。在 H5 制作工具中可以使用的动效有很多，如位移、旋转、翻转、缩放等，如图 6-2 所示。通过调整动效的属性，设计师可以制作出各种各样的页面元素出场动画。对这些基础动效进行有机组合，还可以搭配出更多生动的动效展示形式。

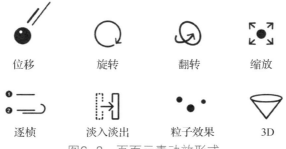

图6-2　页面元素动效形式

　　页面中的动效更容易吸引用户的注意力，而导致其忽略文案。因此，设计师需要控制好动效的节奏，降低动效的频次，平衡页面信息呈现的需求。在为页面元素添加动效时，应遵循以下原则。

1. 设置动效展示的层级

动效展示的层级，简单来说就是动效要有先、后、快、慢的展示效果，而决定这个效果的往往是页面内容。设计人员根据页面内容的重要程度可以将其划分为 1、2、3 级分组，让重要的信息先出现，次要的信息后出现。

为页面中的多个并列元素添加动效时，可以使用延迟增加元素之间的分离感，帮助用户理解元素间的关系，引导用户的注意力。

在设计动效时的需注意以下几点。

- 元素不要一次性出现，应逐个交错入场，且间隔时间不超过 200 毫秒。
- 元素不应乱序出现，动画交错形式应是在单个方向上清晰、平滑的视觉路径。
- 元素的运动幅度应该小于 150px/s。

2. 限制动效的种类

为了画面的和谐，一个 H5 页面中使用的动效类型不宜超过 3 种，可以为不同的素材使用不同的动效。其实 H5 中常用的动效是位移、渐变这类简单的动效，而一些比较强烈的动效（如翻转、变形、跳跃等）用得很少，因为这类动效有时很难与页面元素相互融合，用不好就会让页面效果显得非常凌乱，以致分散用户的注意力。在设计动效时，应力求达到动效展现的统一，而不是把动效库中的动效全部都用一遍。

3. 根据素材类型选用动效

对于 H5 页面中的整体背景素材，一般为其选用简单的动效，如进入、离开、淡入、淡出、展开等。对于背景中的部分素材，可以使用动效让页面效果更加丰富、生动，例如旋转的星星或漂浮的云朵等，可以选用的动效有旋转、闪烁、弹跳、心跳、钟摆等。对于页面中需要重点强调的素材，可以运用夸张的动效来达到吸引用户眼球的目的，例如使用缩放、掉落、晃动、弹弹球、翻转、滚动、出现消失等动效。

对于动效的持续时间和变化幅度，可以根据素材的面积大小来设置，面积大的素材移动速度就慢，动效变化幅度小；反之，面积小的素材移动速度就快，动效变化幅度大。

4. 控制动效展示时间

任何一个 H5 页面的动效展示时间最好控制在 2~5 秒，其展示过程不要过于缓慢，否则会让人觉得很拖沓。即使页面中的信息很多，也要尽量在 5 秒之内把所有信息展示完毕。

6.2.3 功能性动效

功能性动效用于引导用户去完成具体的操作，如音乐按钮、引导用户去点击的按钮，这类动效往往展示面积小，持续时间长，在页面中显示为最小动态效果，就算在页面中一直持续地运动，也不会影响用户的浏览体验。

需要注意的是，当功能性动效出现时，页面内其他元素入场的动效都应是已完成的状态，否则很容易被其干扰。

6.2.4 对象的线性运动动效

线性运动包括匀速运动和匀加速运动（加速度不变的加速运动），通过缓动可以控制两点间的运动，改变物体的加速度，进行加减速变换。当H5页面中的对象进行线性移动时，应使用缓动。在H5中，可以通过缓动函数模拟出物体的运动曲线，如图6-3所示。

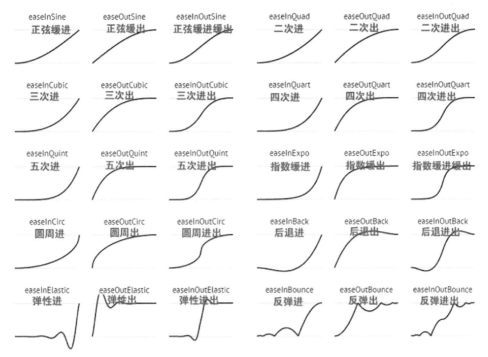

图6-3 通过缓动函数模拟物体的运动曲线

自然界一般不存在线性运动，物体往往在做加速或减速运动。缓动的形式包括加速、减速、先加速后减速。一般元素在进入屏幕时选择"减速运动"，在离开屏幕时选择"加速运动"，暂时离开屏幕时则选择"先加速再减速"。依据此规律来设计动效会更自然，更符合用户的预期。

6.2.5 元素的形变动效

形变动效是指用连贯的状态描绘来表达元素功能的改变。形变的形式包括大小变化、颜色变化、角度变化，设计师可以通过改变元素的尺寸、角度、透明度、颜色、边框等来体现。在使用形变动效时，需要依据具体场景来选择变化形式，常见的形式有图片在交互时放大，按钮在交互时改变背景色、边框或大小等。

在设计形变类动效时应注意以下几点。

- 屏幕内的形变都使用标准曲线，即常见的缓动曲线，元素会快速加速，缓慢减速，主要用于元素变大、变小，以及其他属性改变的动效上。
- 不对称的矩形形变，扩展时先变换高度，折叠时先转换高度。
- 对称的矩形形变，需要宽度和高度以相同的频率变换，变换时间比不对称矩形形变稍短。
- 当元素异步扩展时，其包含的内容（如文本或图片）也会以恒定的宽高比进行转换。

6.2.6 平移与缩放动效

平移与缩放动效常用于在空间里查看局部或从局部查看全局的变焦运动中，形式包括平移焦点和局部缩放。在没有空间移动的情况下，通过元素本身的放大或缩小，让用户感觉元素处于更大或更小的场景内，从而营造出空间感。

当设计师需要用户的视线在全局和局部之间进行切换时，可以使用平移与缩放动效。在设计平移与缩放动效时要控制好移动速度，在切换焦点时，焦点运动幅度应该小于150px/s。

6.2.7 视差动效

视差动效是指在扁平的空间内创造空间层次，突显主要内容。视差是不同的元素以不同的速度运动造成的视觉层次感，它能让用户的注意力集中到主要内容上，主要内容元素的运动速度较快，次要内容元素的运动速度较慢。

视差的形式包括动静对比视差和不等速对比视差。当页面中有背景图时，选择"动静对比视差"，固定背景图，页面滚动出现主要内容，主要内容会成为视觉焦点；相邻两个区块，要突出后面新出现的内容时，选择"不等速对比视差"，后面的元素移动速度大于前面的元素，后面的元素被称为视觉焦点。

6.2.8 维度动效

维度动效是指用多维的空间结构表现新元素的进场和离场。维度动效的常用形式是翻转，把页面扩展成三维空间，例如，用翻转来表现卡片的离场，这样的动效能够增强表现力。

维度动效的应用能够改善扁平空间中的用户体验，增强用户的方向感，让用户产生更贴近现实的体验。

6.3 实战案例——使用易企秀制作H5动效页面

在易企秀中为H5页面元素添加动画，使H5页面呈现出多种多样的动态效果，以吸引用户浏览。下面以为第4章制作的邀请函首页添加动效为例进行介绍，具体操作方法如下。

步骤01 在易企秀中打开邀请函H5首页，在右侧选择"页面管理"选项卡，单击"常规页"按钮，新建一个空白页面，如图6-4所示。

步骤02 选择"第1页"，在编辑区中按住【Shift】键的同时单击选中背景和页面中的修饰元素，然后按【Ctrl+C】组合键进行复制，如图6-5所示。

图6-4 新建"常规页"

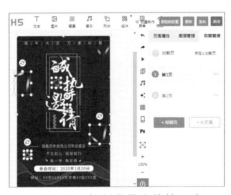
图6-5 复制背景和修饰元素

步骤03 选择"第2页"，按【Ctrl+V】组合键粘贴背景和修饰元素，如图6-6所示。

步骤04 将"第1页"中最上方的文本和"诚挚邀请"文本的外框图形复制到"第2页"中，然后选中上方文本，将自动弹出"组件设置"对话框，选择"动画"选项卡，单击"添加动画"按钮，如图6-7所示。

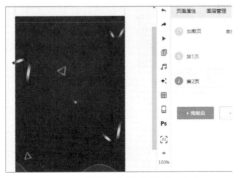
图6-6 粘贴背景和修饰元素

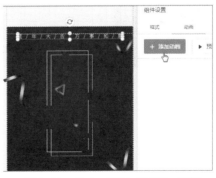
图6-7 单击"添加动画"按钮

步骤 05 在"进入"选项卡下选择"向下移入"动画样式，如图 6-8 所示。

步骤 06 选中框线图形，采用同样的方法，为其添加"淡入"进入动画，并设置"时间"为 1.5 秒，如图 6-9 所示。

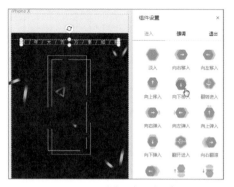

图6-8　选择动画样式

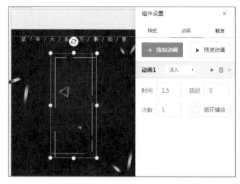

图6-9　为线框图形添加动画

步骤 07 打开"第 1 页"，复制"诚挚邀请"文字，当单击文字后发现选中的是外框线，此时需要将外框线置于文字的下层。用鼠标右键单击外框线，在弹出的快捷菜单中单击"置底"命令，然后再次单击"上移"命令，即可选中文字，如图 6-10 所示。

步骤 08 将"诚挚邀请"四个字复制到"第 2 页"中，然后选中"诚"字，为其添加"中心放大"进入动画，设置"延迟"为 0.3 秒，如图 6-11 所示。

图6-10　调整元素层叠顺序

图6-11　为"诚"字添加动画

步骤 09 选中"挚"字，为其添加"缩小进入"进入动画，设置"延迟"为 0.5 秒，如图 6-12 所示。采用同样的方法，为"邀"字添加"中心放大"动画，为"请"字添加"缩小进入"动画，分别设置"延迟"时间为 0.7 秒和 0.9 秒。

步骤 10 将英文单词和线框下的修饰元素复制到"第 2 页"中，选中英文单词，为其添加"向下翻滚"进入动画，并设置"延迟"为1秒，如图6-13所示。采用同样的方法，为修饰元素添加"向上翻滚"进入动画，并设置"延迟"为1.1秒。

图6-12 为其他标题文本添加动画

图6-13 为英文单词添加动画

步骤11 将"第1页"下方的文本对象复制到"第2页"，选中左侧的线条，为其添加"向左移入"进入动画，设置"延迟"为1.2秒，如图6-14所示。为右侧的线条添加"向右移入"进入动画，同样设置"延迟"为1.2秒。

步骤12 选中"诚邀您参加我公司年会盛会"文本对象，为其添加"中心放大"进入动画，设置"时间"为1秒、"延迟"为1.5秒，如图6-15所示。

图6-14 为线条添加动画

图6-15 为第1行文本添加动画

步骤13 选中第2行文本对象，为其添加"向上移入"进入动画，设置"时间"为1.5秒、"延迟"为1.5秒，如图6-16所示。

步骤14 选中第3行文本对象和其两侧的修饰图像，为其添加"向上移入"进入动画，设置"时间"为1.5秒、"延迟"为1.7秒，如图6-17所示。同样，为最下方的两行文本对象添加"向上移入"进入动画，分别设置"延迟"为1.9秒和2.1秒。

图6-16　为第2行文本添加动画　　　　　图6-17　为其他文本添加动画

步骤⑮ 至此，页面中的所有元素都已添加完毕，下面为文本和修饰图像再添加一些动效，使页面变得生动起来。复制"诚挚邀请"四个字，然后将其覆盖到原文字上，如图 6-18 所示。

步骤⑯ 选中"诚"字，单击"添加动画"按钮，为其添加第 2 个动画，在此选择"放大退出"退出动画，设置"延迟"为 2 秒、"次数"为 2 次，如图 6-19 所示。采用同样的方法，为"挚""邀""请"三个字添加同样的动画。

图6-18　复制标题文本　　　　　　图6-19　添加并设置"放大退出"动画

步骤⑰ 选中页面左侧的丝带图像，为其添加"直线轨迹"强调动画，设置"时间"为 8 秒，选中"循环播放"复选框，然后单击"编辑轨迹"按钮，如图 6-20 所示。

步骤⑱ 进入编辑动画轨迹状态，通过移动并单击鼠标设置轨迹，在此设置图像先向上移动，再向下移动到原点，设置完成后单击右上方的"完成"按钮，如图 6-21 所示。注意，在编辑动画轨迹前，需要在易企秀 H5 编辑器中将页面缩放设置为 100%。

图6-20　添加"直线轨迹"动画　　　　图6-21　编辑运动轨迹

步骤⑲ 选中三角形修饰图像,为其添加"闪烁"强调动画,设置"时间"为 12 秒、"延迟"为 6 秒,并选中"循环播放"复选框,如图 6-22 所示。

步骤⑳ 选中另一个修饰图像,同样为其添加"闪烁"强调动画,设置"时间"为 12 秒,将"延迟"增加 2 秒,即 8 秒,并选中"循环播放"复选框,这样两个修饰图像即可交替闪烁,如图 6-23 所示。

图6-22　添加并设置"闪烁"动画　　　　图6-23　添加并设置"闪烁"动画

课后习题 ↓

一、简答题

1. 简述 H5 动效有哪些制作手法。
2. 简述在设计页面元素动效时需要注意哪些方面。

二、实操训练题

在易企秀中导入"素材文件\第 6 章\盛大开业 .psd",参照本章"邀请函"首页动效的制作方法,为页面元素添加动效。

第7章

创意优化

用高端创意打造刷屏级 H5

🔍 **学习目标**

✈ 掌握制作富有"情感"的H5的方法。

✈ 掌握借助超级IP形成创意主题的方法。

✈ 掌握H5创意文案的撰写方法。

✈ 了解打造H5炫酷画面的热门技术。

✈ 了解增加H5互动性的各种趣味玩法。

H5 的创意决定了作品的可读性和传播性，好的作品一定会有好的创意。在制作 H5 时，创意元素主要包括图画、文字、音效、交互设计及故事情节等，这些元素都可以赋予 H5 独特的个性，使其与众不同。本章将介绍如何利用高端创意打造刷屏级的 H5。

7.1 创作富有"情感"的H5

在创作 H5 时注入情感元素，更容易打动人心。高质量的视觉效果配上丰富的情感文案，能够触达用户的内心世界，引发其情感共鸣，实现快速传播与裂变。要想制作出富有"情感"的H5，可以采用挖痛点、戳泪点、找共鸣、代入感等方法。

7.1.1 挖痛点

痛点是指用户的核心需求，是用户急需解决的问题，通常指人们日常生活中的各种不便。设计人员要善于发现用户的痛点，把 H5 的运营需求与用户的痛点很好地结合在一起，在安慰或激励用户的同时推广自身活动、产品或品牌。挖掘出用户的痛点，然后找到满足用户痛点需求的方法，如图 7-1 所示。

图7-1 满足用户痛点需求的方法

在设计 H5 时，设计人员要想更好地表达出痛点，就要洞悉人心，准确把握，从情感需求出发，让用户体验 H5 带来的温暖和包容，给用户精神上的安慰，缓解其紧张情绪，释放其心理压力。

例如，《寻找梦想的旅程》H5 以小游戏的形式，呈现一场"追梦"的过程，如图 7-2 所示。音乐可以在任何时候都陪伴在我们左右，给我们力量，我们的生活存在着变化，存在着高低起伏，随着时间的推移，我们不断前行。用户通过在不同词上行走与跳跃，来感受每个词在生命中的意义。你可能会遭遇"孤独"，仿佛置身孤岛，幸好有"陪伴"来临……这些平凡朴实的文字有着特别打动人心的力量，戳中用户痛点，引发情感共鸣，让用户对 H5 进行自己的解读，留下自己追梦路上值得分享的记忆。

痛点的挖掘需要创作者在日常生活中认真观察、注意细节，这是一个长期积累的过程，要学会站在用户的角度思考问题，认真体会用户的需求，这样才能挖掘出用户的内心痛点，从而创作出创意独特、能够触动用户心弦的 H5 作品。

图7-2 　《寻找梦想的旅程》H5

7.1.2　戳泪点

当人们遇到某件事，或者看到某个场景，听到某种音乐，触动了其内心的某种情怀，让其非常感动，甚至有想哭的冲动，这就叫戳中泪点。一般越是感人的内容越容易引起人们的情感共鸣，很多泪点都来源于生活。在创作H5时，设计师可以通过温情的画面和简短、煽情的文案来表现现实生活中的一些感人故事。

例如，网易哒哒与学而思网校合作出品的《把时光快进3285000倍后，我读懂了妈妈》H5（见图7-3），讲述了一个女孩从出生到结婚生子的几个重要人生阶段。该H5整体上采用手绘漫画的风格，色调清新温暖，画面的有机衔接使剧情自然推进，"医院病床""喂奶""学骑自行车""收到录取通知书"等人生重要阶段的场景，配上细腻、舒缓的轻音乐，伴随着儿时的哭泣声、妈妈的叮嘱声，让人有种"真实生活不加修饰"的感觉，默默地感动，心生愧疚，边浏览边流泪，边自责边卸下心理防备，将自己的情感融入H5中，最终分享到朋友圈，证明"我爱妈妈"。

真实的故事，自然的场景，没有过分煽情，却温暖感人，触动情感，调动情绪，催人泪下，这样的作品很容易走进用户的心里，唤起用户的情感记忆，戳中用户的泪点。在H5创作中，能够戳中用户泪点的几种方法如图7-4所示。

图7-3 《把时光快进3285000倍后，我读懂了妈妈》H5

用听觉、视觉、触觉构建身
临其境的场景

营造独特意境，拉近与用
户的距离，增强代入感

戳中用户
泪点的方法

根据人性的各种不同需
求确定相应的主题内容

文案言简意赅，准确把握用户
泪点，解决实际问题

图7-4 戳中用户泪点的方法

7.1.3 找共鸣

能够触动用户情绪，洞察用户心理的H5作品，可以让用户联想到自己，在某些方面达成共识，从而引发共鸣。当用户浏览H5时，能够触景生情，并感受到H5的价值，从而对其产生认同感，以便于扩散传播。

例如，汤臣倍健与网易态度联合出品的《人生升级研修所》H5（见图7-5），打造了一个既魔幻又现实的"人生升级"场景，既有逃避不了的现实，也有人生梦想的升级，让人们联想到当下的自己。

图7-5　《人生升级研修所》H5

　　该H5通过洞察人们脆弱的内心，引发用户深度共鸣，然后画面内容反转，帮助用户消除恐慌，制造"人生升级"的机会，让其跳出现状，浴火重生。精致、形象的插画元素，以及具有奇幻诱惑力的缤纷色彩，既展现了品牌形象，又与年轻消费者群体的审美相匹配，引领用户领会汤臣倍健"23国营养，为1个更好的你"的品牌理念，让该H5拥有可感知、可触碰的温度。

　　该H5的结尾塑造了强大并具有正能量的人格形象，刺激用户主动分享，让更多的人知道"更好的我是怎样的"，整个互动过程都在传播品牌积极向上的价值观，与用户的价值观达成一致，引发情感共鸣。

7.1.4　代入感

　　具有代入感的内容能让H5"活"起来，这样的H5更容易被用户接受，更能加深用户的记忆，拉近用户与品牌之间的距离。在创作富有"情感"的H5时，设计师可以通过温馨的画面，感人的文案等激起用户的某种情愫，勾起用户的回忆，让其陷入某种情景中，对其中的情节或人物产生向往之情，从而引起用户的浏览欲望。

　　例如，百度推出的《你懂我在说什么吗？》H5（见图7-6）以图文结合的形式展开内容，通过提醒用户"收到新的小纸条"的方式来引起用户的好奇，刺激用户点开解题思路，促使其采用不同的方式查看小纸条内容。每一个画面都浪漫温馨，朦胧的情愫激起人们对青涩年代的回忆，代入感极强。在结尾页面中，点击"把小纸条传给TA"可以进行分享。

图7-6　《你懂我在说什么吗？》H5

在 H5 创作过程中，要对 H5 内容中的角色和元素赋予生命力，让用户在参与时就好像身临其境，让其产生更真切、更深刻的体会，从而赢得用户的认同，推动其自发转发分享。

7.2 借助超级IP形成创意主题

移动互联网时代，各种社交平台的发展为新媒体运营带来了全新的粉丝经济模式，诞生了一个又一个拥有大量粉丝的人物IP。知识产权（Intellectual Property，IP）是一种无形的价值观，具备某一 IP 的产品吸引的往往是拥有这一价值取向的人群。

目前，H5+IP 这种新型的营销模式迅速蹿红，H5 可以借助超级 IP 获得个体用户强烈好感与追随，继而形成群体价值观，迅速引爆文化的核心能量。企业或商家只有掌握 H5+IP 的营销模式，才能为自己的 IP 挖掘更多的粉丝。

7.2.1 人气公知IP主题

人气公知 IP 包括各行各业的网络红人或品牌，如"罗辑思维"等，企业在 H5 创意营销中，可以用这些人气公知 IP 为主题，借助其名人效应，快速聚集粉丝，提升 H5 的知名度。

例如，凯迪拉克汽车制造商推出的 H5（见图 7-7）在首页可以看到其代言人的照片，点击"立即解密"按钮进入一段真人视频，然后参与互动游戏，凑齐解锁密码后，自动跳出凯迪拉克广告，最后生成一张与代言人的合拍指数海报。该H5 在设计上以明星为亮点，借助具有明星效应的真人视频吸引用户互动参与。

图7-7　凯迪拉克推出的H5

在创意设计上，植入明星的真人视频类 H5 能够迅速提升 H5 的人气，快速吸引粉丝的眼球，便于 H5 的扩散与传播，但需要注意的是品牌特质要与明星气质相符。

7.2.2　古文化IP主题

古文化 IP 具有人格化的特质，不但有很高的辨识度，而且有内涵，有态度，有价值观。在 H5 创意设计中，以古文化 IP 为主题，如古建筑、历史名人、传统工艺及神话人物等，可以使 H5 更有个性，更加生动、有趣，可以吸引更多的追随者，为 H5 带来更好的传播效果。

例如，《穿越百年探秘故宫》H5 是阿尔法蛋联合"上新了·故宫"节目组推出的一款答题测试类 H5（见图 7-8），用户在首页可以观看明星真人视频，点击进去可以探秘故宫，通过滑动屏幕找到发光的触摸点进行答题测试，测试完成后即可生成一张有趣的海报。该 H5 在整体设计上以红色为主色调，将古文化 IP 巧妙地融入 H5 内容中，采取插画手绘风格，使作品个性鲜明，既好玩又有趣。

故宫是一个大 IP，设计人员将博大精深的故宫底蕴形象和现代人们的新消费、新审美趣味、新生活情趣结合起来，以此为主题设计的 H5 吸引了大量不同年龄段的受众围观，形成了新鲜的幽默感，充分体现了古文化 IP 的魅力。

图7-8 《穿越百年探秘故宫》H5

7.3 H5创意文案的撰写

要想使 H5 文案赢得用户的青睐，就要有良好的互动性和内容的丰富性。优秀的 H5 文案需要从主题、标题、内容、排版四个方面着手，按照确定主题、拟定标题、创意内容、舒适排版的步骤进行 H5 文案的创作和撰写。前面章节已经介绍过 H5 页面排版的方法，在此不再赘述，下面对前三个步骤进行介绍。

7.3.1 确定主题

撰写 H5 文案前，首先要确定文案主题，它是作品的主线，也是作品的灵魂，然后围绕主题进行文案的写作，这样写出来的文案才会主题鲜明、重心稳定、层次分明。一般来说，可以从目标和受众两个角度来确定文案主题。

1. 根据目标确定主题

根据文案的目标是活动宣传还是品牌推广，可以确定文案的主题。

例如，网易哒哒出品的《英雄》H5（见图 7-9）以品牌推广为目标，确定以环保为主题，并将这条主线融入故事情节中，讲述在遭到严重破坏的自然环境面前，超人英雄也无法拯救人类。"英雄惨败"的反英雄主义思路为环境遭到破坏敲响了警钟，从而唤起人们的环保意识。

图7-9 《英雄》H5

2. 根据受众确定主题

直击人心的文案都是从用户的角度出发，根据受众层次与心理来确定 H5 文案的主题，设计师通过调查受众的类型和心理需求，更准确地抓住目标受众的心理，设计出的 H5 才能引起他们的兴趣，激发其浏览的欲望，从而达到良好的宣传效果。

例如，网易哒哒出品的《饲养手册》H5，就是基于对受众心理的洞察，针对一群喜欢追逐新鲜感和有趣事物的年轻群体喜欢饲养猫狗等萌宠的特点，确定了"饲养手册"这个既有趣又非常吸睛的主题。该 H5 通过用户和小动物身份置换的方式生成了专属饲养手册，一上线就被广泛传播，在六一儿童节到来之际，既能让用户解压，又让用户体验了一把童心童趣的感觉。其文案生动有趣，设计师用幽默的语言来展示人物形象，突显了主题特色，如图 7-10 所示。

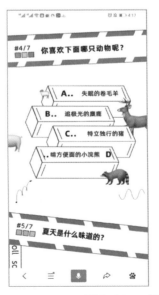

图7-10 《饲养手册》H5

7.3.2　拟定标题

H5 的打开和转发都依赖于用户，好的标题从打开和转发两个角度直接影响着 H5 的浏览量。拟定标题的关键是标题要贴合文案的主题，还要具有"简短易读，有吸引力，传播信息完整"的特点。一般情况下，设计师可以从三个出发点来拟定 H5 标题，如图 7-11 所示。

H5 的受众是谁？确定受众群体，有助于把握受众的内在心理。

受众最关注什么？研究其关注点有利于确定文案应展现的内容，最大限度地表现品牌、产品或服务的特点与优势。

选择哪种标题风格？根据对受众群体的定位、心理因素的分析、主题的选择等确定合适的标题风格。

图7-11　拟定H5标题的三个出发点

例如《一个 90 后的独白》H5（见图 7-12），通过"第一批 90 后在 2020 年迈向 30 岁"作为话题，寻找与 90 后的情感共鸣。又如《一场关于撩的终极考验》H5（见图 7-13），紧跟社会潮流，以"撩"这个热门话题来引起用户的兴趣，标题个性独特，迎合用户体验，契合网络特点，最终达到吸引用户点击的目的。

图7-12　《一个90后的独白》H5　　　图7-13　《一场关于撩的终极考验》H5

标题是对 H5 作品中整体内容的高度概括，其撰写方法有很多种，创作者可以运用谐音、修辞、数字、提问句、疑问句、蹭热点、借名人等多种技巧来拟定标题，创作出幽默、有趣、有深度、有思想，能够直戳用户内心深处，引发用户情感共鸣的标题。

7.3.3　创意内容

　　H5 文案作为一种内容营销方式，其中每个字、词、句子的运用，每张图片塑造的场景、传达的思想感情对 H5 的营销效果都起着非常重要的作用。H5 的表现形式丰富多样，为内容创意提供了很大的空间，越有创意的文案越能吸引受众的注意力。

　　要想写出有创意的文案内容，可以从两个方面来着手，如图 7-14 所示。

从图片和设计场景入手，给受众带来视觉冲击力和新奇感　　创意文案　　从文字入手来配合图片，营造一种具有感染力的氛围

图7-14　从两个方面入手写出有创意的文案内容

　　例如，《自白》是以捕鲸为核心内容、呼吁保护濒危动物的公益性 H5，它采用黑白画风、互动条漫的形式假设将濒危动物处境移情到人类身上，让人感到震惊、愤怒、痛心，如图 7-15 所示。

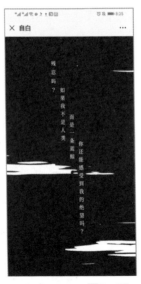

图7-15　《自白》H5

　　该 H5 选择以保护动物为题材，将鲸鱼比喻成女孩，这样更容易把人带入剧情，更加触动人心。在内容设计上，采用视差滚动动画的表现方式，在黑白元素的基础上融入烈火特效、血红特效，塑造场景气氛，给人以视觉冲击力的同时，更加震撼人心。该 H5 将文字、图片、场景有机地融合在一起，其整体创意会给浏览者留下深刻的印象。

7.4 运用热门技术打造H5炫酷画面

H5 的表现形式五花八门，大致可以将其归纳为基于传感器、基于触摸屏操作、基于画面呈现和基于内容 4 种类型。这些表现形式既有基于其中一类来构思 H5 的玩法，又有将多个类型组合起来创造更复杂、更丰富的玩法。基于内容的玩法主要是通过图文混排展示内容的，与 H5 热门技术相关的是前 3 种类型的玩法，下面将分别对其进行简要介绍。

7.4.1 基于传感器

这类 H5 与用户的交互依靠手机上的传感器来实现，这些传感器包括陀螺仪、全球定位系统（Global Positioning System，GPS）、摄像头、话筒、震动传感器、光线传感器和距离传感器等。在设计 H5 时，要结合自身需求选用合适的传感器，例如，制作周边生活类的 H5，可以选用 GPS 传感器获取地理位置，制作全景图的 H5 则选用陀螺仪提供便捷的交互。下面介绍设计 H5 时常用的传感器。

1. 陀螺仪

这类交互在体感游戏中比较常见，如控制射箭的方向、挥剑、打乒乓球等，而在 H5 中则可用于摇一摇、控制赛车左右前进、检查手机是否平躺 / 竖直、全景图 /AR 转换角度等，也可用于制造视差效果，使画面富有层次感。例如，《京东闪耀 2018M&O 巴黎时尚家居设计展》H5，就利用了手机重力感应及动静结合的处理方式，使画面看起来更加灵动，如图 7-16 所示。还有一些抽奖类的 H5 在交互上会通过转盘的方式来进行，如图 7-17 所示。

图7-16　重力感应类H5

图7-17　抽奖类H5

2．地理位置

这类H5结合用户所处的位置，可以提供比较方便的周边生活服务，如查找附近的哈罗单车、获取附近的餐饮信息和前往路线等。例如，腾讯联合中国文物保护基金会出品的《长城·万里共婵娟》H5，当用户同意获取位置后，就会显示用户所在城市的经纬度和长城经纬度，然后镜头穿越云海到达长城，用户可以利用重力感应通过左右移动手机调整场景视差效果，点击屏幕后生成专属海报，如图7-18所示。

图7-18　《长城·万里共婵娟》H5

3．人脸识别

人脸识别，即通过人脸和H5进行互动，包括根据人脸猜测年龄、猜测情绪，测试与明星脸的匹配度，将人脸和游戏电影人物相结合，将人脸变成小时候的样子，根据人脸的动作做出反馈（如张嘴时从嘴里飞出企鹅、眨眼睛拍照）等，这类H5通常与AR和图片合成技术搭配使用。在合成的图片边角上有活动二维码，其他用户看到该图片时也可以通过识别图中二维码参与活动，如图7-19所示。

图7-19　人脸识别类H5

4．webRTC

webRTC 是 H5 的一个新特性，它可以在 Web 上访问摄像头和话筒，进行视频和音频的实时通信，主要用于视频会议、视频聊天、在线教育、在线问诊等，以前只能通过客户端才能实现的视频类应用现在也可以应用到 Web 上。图 7-20 所示的几个 H5 都包含了录音功能，在录音前需要用户允许 H5 使用手机上的录音功能。

图7-20　带有录音功能的H5

7.4.2　基于触摸屏操作

在 H5 中基于触摸屏的操作有多种方式，如单屏滚动、手势操作、全景交互，以及多屏互动。在触摸屏上的操作应符合用户的正常习惯，如滑动屏幕可以翻页、移动场景，双指拉开可以放大显示。如果预料到用户可能不清楚如何操作，还需要提供操作示范。

1．单屏滚动

单屏滚动是一种常见的交互形式，就像幻灯片一样，H5 的每一页内容都是占满全屏的，当用户滑动屏幕时，当前整个屏幕的内容就会被翻走，然后全屏展示下一页的内容。

在设计 H5 时，可以为翻页添加一些转场动画，如渐入渐出，使翻页效果更加生动，也可以加上重力感应，让手机在摆动时产生视差效果。单屏滚动的应用场景比较广泛，很多产品介绍、报告总结、邀请函等 H5 都会采用这种形式，如图 7-21 所示。

图7-21　单屏滚动类H5

2．手势操作

H5用户和屏幕的交互除了有点击、滑动外，还有很多手势操作，如拖动、双指拉开放大、双指画圈旋转物体，画图形表示某个动作等。手势操作可用于放大查看图片，对图片进行拖动 / 放大 / 旋转，手势解锁，也可用于H5游戏，例如，在拼图游戏中拖动、旋转拼图碎片。

晨光联合连咖啡出品的H5，就是通过手势操作来让用户自己动手制作海报，如图7-22所示。腾讯出品的《腾讯医学 ME 大会》H5，通过单指滑动360°旋转碎片图案，使其向中间靠拢来拼合成指定的图案，如图7-23所示。

图7-22　晨光联合连咖啡出品的H5　　　图7-23　《腾讯医学ME大会》H5

在 H5 中可以使用手势框架来监听用户的手势，如 Hammer.js，它是一个轻量级的触屏设备 javascript 手势库，可以在不需要依赖其他事物的情况下识别常见的触摸、拖动、长按、缩放等行为。允许同时监听多个手势，自定义识别器，也可以识别滑动方向。手势事件主要包括 Rotate、Pinch、Press、Pan、Tap 和 Swipe 等，如图 7-24 所示。

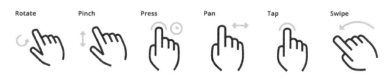

图7-24　手势事件

3. 全景交互

全景交互是指将用户置于一个 360° 环绕的图片或视频环境下进行沉浸式的体验，用户可以通过转动手机或滑动屏幕观看这个环境下不同角度的内容并进行交互。

如果将内容分成左右两个屏，用户带上 VR 眼镜，就可以进行 VR 体验。全景交互比较适合的场景有虚拟全景展示、身临其境的实景展示或活动现场展示。与此类似的还有商品的 360° 展示，用户拖动商品即可看到不同角度下商品的样子。全景交互的相关技术主要是 3D 旋转操作、陀螺仪方面的技术，如全景图组件 css3d-engine、全景视频组件 Valiant360，还有一些收费组件如 krpano。

例如，《世界上有多少人真的懂梵高》H5（见图 7-25）中使用 VR 全景来进行展现，用户可以通过滑动屏幕观看艺术展的布景画面。在滑动过程中，还可以点击展厅中的名画，了解名画的创作历程和创作意义等。

又如，美的出品的《你的家电有隐性污染吗？测测就知道》全景交互类 H5（见图 7-26），通过对客厅、厨房、走廊上的电器进行侦查，判断其是否需要保养，并通过交互对比保养前后的效果。该 H5 采用 720° 的全景模式进行展示，偏现代化风格，从全景场景布置到交互点都能让用户产生代入感。

图7-25　《世界上有多少人真的懂梵高》H5

图7-26　全景交互类H5

4．多屏互动

多屏互动是指在多个屏幕上体验活动，用户各自的操作会同时反应到其他屏幕上，一般以双屏互动为主。由多人合作完成任务，互相竞技，如你画我猜、一问一答、情侣互动小游戏、线下与现场观众互动、多个屏幕拼起来看视频等，还可以把手机屏幕当作控制器，用大屏幕来显示，如手机遥控器、谷歌的多人竞跑游戏等。

在制作此类 H5 活动时，要注意兼顾只有单人玩时的情况，可以将体验流程简单化，或者在计算机上一起参与。多屏互动主要是通过 WebSocket 或轮询接口进行同步通信和更新画面内容。

例如，《蒂芙尼 | 520·爱之旅》H5 以"爱的旅程"为主题，用户可以选择"双机模式"与自己的同伴一起观看动画，H5 中的互动有明确的提示，需要用户使用手势操作后继续，如图 7-27 所示。

图7-27　《蒂芙尼 | 520·爱之旅》H5

7.4.3　基于画面呈现

基于画面呈现的方式一般用于展现比较有趣的画面内容，如视频、动画、特效等，给用户带来视觉上的感官享受，用户也可以通过与画面内容互动，从而看到自己想看的内容。

1．视频/动画展示

这类 H5 会播放一段时间较长但生动、有趣的视频或动画来吸引用户关注其宣传内容。由于画面内容比较生动、有趣，以及常常有明星参与演出，用户一般不会太抗拒这样的广告，反而会主动向好友分享。这个玩法适合用于产品、节日、游戏、电影等宣传场景及叙述内容比较多的场景，如图 7-28 所示。

图7-28　视频/动画展示H5

2. 图片裁剪和形变

设计师使用 CSS 中的 clip-path 方法和 SVG 的 clippath 方法可以将图形或图片裁剪成三角形、五边形等自定义的形状。用户利用这个功能，可以使图片如碎片似的组合起来或散开，或者将多边形形状像拼七巧板一样动态地组合成各种形状，又或者将一个图标以动画的形式自然地转换到另一个图标，如图 7-29 所示。这个玩法适用于酷炫图片的展示与切换，以及有变形需求的 H5 作品。

图7-29　图片裁剪和形变H5

7.5 设计趣味玩法增加H5的互动性

趣味玩法可以增加 H5 的互动性，这类 H5 主要以游戏活动为主，它出现得较早，其展现形式多种多样，包括抽奖、投票、抢红包、拼团、砍价等。各式各样的趣味玩法可以激发用户点击 H5 的冲动，增强用户参与 H5 的积极性，提高 H5 的互动性。此类 H5 的模式和技术一般比较简单，但也需要有独特而新颖的创意，加上诱人的奖励，往往能够提升 H5 的传播效果。

7.5.1 抽奖活动

抽奖活动是应用最普遍的活动类型，也是非常受用户欢迎的营销活动之一，较为常见的形式有大转盘、九宫格、刮刮卡、水果机、砸金蛋、开宝箱、摇一摇、集五福等，如图 7-30 所示。抽奖活动 H5 不仅形式简单，还可以无缝植入许多商家信息，无论是线上互动，还是线下推广，都能取得卓有成效的营销效果。

图7-30　抽奖活动H5

抽奖活动虽然形式简单，但有着巨大的市场空间，其操作方便，传播率高。此类 H5 常用于商品促销、新品推广、店铺引流、品牌宣传等，其应用场景可以是电商促销活动，也可以是现场抽奖互动。在操作上也很简单，例如，大转盘是通过点击抽奖按钮转动大转盘，即可进行抽奖，既好玩又有趣。企业或商家在进行奖品设置时，可以根据需要设置奖品类型和兑奖方式，但要有足够的诱惑力，这样才能吸引用户的眼球，激起用户的参与欲望。

7.5.2 抢红包活动

微信抢红包这种形式颠覆了传统的品牌营销方式，成为企业常用的营销工具。为了更有效地促进用户对 H5 营销活动进行分享和推广，企业可以通过抢红包活动 H5（见图 7-31）吸引用户，还可以设置裂变红包，以激发用户的分享欲望，推动 H5 的扩散与传播。

图7-31　抢红包活动H5

7.5.3 投票问卷

通过投票问卷不但可以对用户进行调研，而且能够非常直观地了解大众的偏好，让产品与品牌更有针对性。

投票问卷类 H5 适用于企业和商家开展一些评比排行活动，可以对参与者进行评选。投票活动能够将产品或品牌信息迅速地传达给用户，通过 H5 来增加关注度。此类 H5 容易在特定人群中快速传播，并且带动特定人群发动其亲友参与活动，如给喜欢的选手、作品等投票，常用于教育、母婴等行业，如图 7-32所示。

投票类活动一般需要用户自行上传照片来参与，在投票过程中用户必须将 H5 分享出去，同时邀请自己的亲友投票并转发，无形中扩大了活动的曝光量。在活动运营过程中，运营人员需要对 H5 后台的投票数据进行实时监控，防止有人恶意上传违规照片，同时也要扩大推广渠道，将活动发布到更多的平台，让其大规模扩散。

图7-32　投票问卷H5

7.5.4　趣味小游戏

趣味小游戏 H5 是一种把品牌、产品、美术、设计、文学、音乐等交互穿插在一起的新型营销形式，不再单纯是一张漂亮的页面或者图片，增加了与用户的互动，各种触控、滑动、点击、摇一摇、重力感应、环境感应等技术应用，都会和设计形成互补关系，给用户带来新的体验，如图 7-33 所示。H5 中的趣味小游戏不仅提升了用户参与的兴趣，还增加了用户的黏性。企业通过 H5 互动游戏可以有效地提高粉丝的数量，赢得更多用户的信任，提高产品或品牌的知名度，通过游戏创意制作出刷屏级 H5。

企业可以通过 H5 趣味小游戏活动，借势热点推广自身产品，提升企业的品牌形象。线下门店也可以延长用户线下消费时间，减少等位流失等。

在 H5 游戏推广方面，企业可以采取线上与线下相结合的方式，线上引流，线下推广，减少门店的顾客流失率。同时 H5 利用互联网的快速性，可以在很短时间内达到很高的浏览量和识别度。

图7-33　趣味小游戏H5

7.5.5　场景模拟

　　场景模拟，顾名思义就是模拟不同的应用场景，通过用户熟知的某个特定环境设置趣味的情节，从而在H5中植入产品的信息和优势，让用户在不知不觉中接收到企业想要传达的信息。场景已经成为继内容、形式、社交之后媒体的另一种核心要素，空间与环境、实时状态、生活惯性、社交氛围是构成场景的四个基本要素。

　　H5主要在移动端打开，像手机来电、朋友圈、短信、视频都是常见的生活场景。当H5以用户最为熟悉的形式出现时，现实与虚拟的距离就会被弱化，给用户带来一种真实的体验，一种梦想实现的惊喜，这种有温度、有情怀的H5更容易被用户所接受。

　　例如，网易新闻联合京东推出的穿越类H5《18岁的我》（见图7-34）模拟了微信对话的场景，通过一连串的问题引导用户互动回答，给出对18岁的自己的忠告，最后生成海报。模拟微信聊天的真实场景，与18岁的自己聊天，这种虚拟与现实相结合的场景能够吸引用户积极参与，迅速赢得用户的好感。

　　由于对用户心理的洞察和满足，模拟场景类H5一般都能获得比较理想的效果。这类H5抓住了受众渴望被理解，渴望展现自我的特点，通过还原现实并给予最大程度的创意空间，让每个用户都有机会展现自己的个性。富有想象力的空间场景和道具设置，让用户体验更具趣味性。

随着 H5 的不断创新与发展，相比以前设计复杂、令人眼花缭乱的 H5 页面而言，现在风格清新、操作简单、全程由用户自主创作的 H5 更受用户的欢迎，因为这样的 H5 能够激发用户的参与兴趣，使其沉浸感油然而生，促使其分享与转发。

 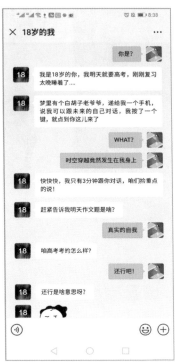

图7-34　《18岁的我》H5

课后习题 ↓

一、简答题

　　1. 简述制作富有"情感" H5 的几种方法。

　　2. 简述拟定 H5 标题的三个出发点。

　　3. 简述增加 H5 互动性的趣味玩法。

二、实操训练题

　　1. 图 7-35 所示为中国民生银行为"民生信用卡 14 周年"策划出品的《明天不失陪》H5，请分析该 H5 采用了哪种情感表现手法？

图7-35 《明天不失陪》H5

2. 图 7-36 所示分别为腾讯视频出品的《修复文物 遇见文明》H5、网易云音乐出品的《不打扰，是你最好的温柔》H5 和平安人寿出品的《公子留步，留下声音再走》H5，请分析这三个 H5 的主题分别是从哪个角度确立的？

图7-36 H5页面

第8章

H5制作工具

易企秀的使用

🔍 **学习目标**

◣ 掌握使用易企秀制作H5的基本编辑操作。

◣ 掌握易企秀H5编辑器组件的使用方法。

◣ 掌握易企秀H5编辑器表单的使用方法。

　　易企秀是一款针对移动互联网营销的手机幻灯片、H5 场景应用制作工具，它将原来只能在 PC 端制作和展示的各类复杂营销方案转移到手机端，用户可以随时随地根据自己的需要进行 H5 制作与展示，随时随地进行营销。本章将介绍使用易企秀制作 H5 的基本编辑操作，以及易企秀 H5 编辑器组件与表单的使用方法。

8.1　H5基本编辑

下面将介绍使用易企秀 H5 编辑器的基本编辑操作，包括文本编辑、图片编辑、背景编辑、形状编辑、添加音乐、页面设置、使用特效、使用动画和使用触发等。

8.1.1　认识易企秀H5编辑器

易企秀 H5 编辑器页面主要包括编辑区、模板栏、组件栏、工具栏、页面属性、图层管理、页面管理以及作品管理区，如图 8-1 所示。

图8-1　易企秀H5编辑器页面

- 编辑区：用于放置与编辑 H5 场景中各元素的区域。
- 模板栏：在模板栏中可以插入元素模板、功能模板以及单页模板。其中，在"元素模板"中可以插入文本、艺术字、图片及图文模板；在"功能模板"可以插入活动、营销、动效、排版及常用模板；在"单页模板"中可以插入封面、图文、时间轴、表单、尾页、图集、场景等模板。
- 组件栏：位于编辑区上方，可以向场景中添加文本、图片、背景、音乐、形状、组件、表单、特效等组件。
- 工具栏：位于编辑区右侧，可以撤销或恢复操作、复制页面、添加背景音乐、特效，还可以进行页面设置、打开网格、设置手机边框、放大或者缩小页面以及上传 PSD 图片等。
- 页面属性：在"页面属性"选项卡下可以设置单页的页面音乐和单页的禁止滑动操作。
- 图层管理：在"图层管理"选项卡下可以对图片进行管理，如调整顺序、锁定、置于顶层或底层。
- 页面管理：在"页面管理"选项卡下可以增加空白页、删除不需要的页面、更改页面名称、复制页面、调整页面顺序，以及将喜欢的 H5 页面保存为"我的模板"。

- 作品管理区：该区域包括"预览和设置""保存""发布""退出"四个按钮，其作用分别如下。

"预览和设置"按钮：用于预览作品效果，修改作品标题和描述、翻页方式、显示页码、自动播放、禁止滑动进入下一页、作品访问状态等。

"保存"按钮：单击该按钮，即可保存 H5 作品，还可以按【Ctrl+S】组合键快速保存作品。

"发布"按钮：单击该按钮，即可进行 H5 发布和分享设置。

"退出"按钮：单击该按钮，即可退出易企秀 H5 编辑器。

8.1.2 文本编辑

在易企秀 H5 编辑器中，使用"文本"组件可以在 H5 中插入文本，具体操作方法如下。

步骤 **01** 在组件栏中单击"文本"按钮 T，即可在编辑区中插入文本。选中文本，将弹出"组件设置"面板，在"样式"选项卡下可以设置字体、字号、文字颜色、背景颜色、对齐方式、行高、字距、透明度等，如图 8-2 所示。若"组件设置"面板被关闭后又想重新打开，可以用鼠标右键单击文本，在弹出的快捷菜单中选择"样式"命令。

步骤 **02** 当在 H5 中编辑大段文本时，可以将文本设置为"两端对齐" ≡（见图 8-3），这样在文本框的两侧文本就会对齐。

图8-2　插入文本

图8-3　设置文本两端对齐

步骤 **03** 在页面左侧选择"元素模板"选项，在"文本"分类下单击"选中文字修改局部大小 / 颜色"选项，如图 8-4 所示。

步骤 04 此时，在编辑区中双击插入的文本并进行编辑，然后选中部分文本，在弹出的浮动工具栏中设置文本格式，如图8-5所示。

图8-4　插入文本

图8-5　设置文本格式

步骤 05 将鼠标指针置于"文本"分类上，选择类别，如"段落文本"（见图8-6），此时就会出现段落文本模板。选择需要的模板，即可将其插入H5页面中。插入模板后，可以对其进行自定义设置，或者根据需要将模板拆分为各个单独的元素。

步骤 06 选择"艺术字"分类，其中提供了多种艺术字样式，如图8-7所示。单击艺术字样式，即可将其插入H5页面中，然后对艺术字进行修改。

图8-6　插入段落文本模板

图8-7　插入艺术字

8.1.3　图片编辑

使用易企秀 H5 编辑器中的"图片"组件可以在 H5 中插入图片，具体操作方法如下。

步骤 01 在组件栏中单击"图片"按钮，打开"图片库"页面。在左侧选择"正版图片"选项，在右侧选择图片库中的图片素材。对于常用的图片素材，可以单击"收藏"按钮♡，将其收藏起来，如图 8-8 所示。

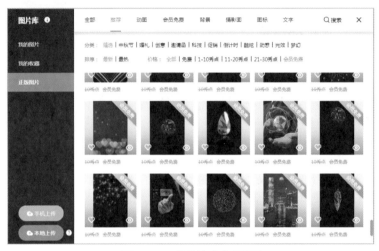

图8-8　"图片库"页面

步骤 02 在左侧选择"我的图片"选项，将显示用户自己上传的图片，如图 8-9 所示。在左下方单击"本地上传"按钮，可以上传本地计算机中的图片；单击"手机上传"按钮，可以使用微信扫描二维码，上传手机中的图片。

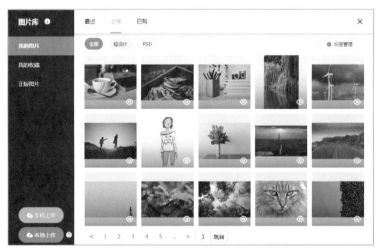

图8-9　上传图片

步骤 03 将图片插入 H5 页面后，可以调整图片大小、旋转图片、翻转图片、调整图片透明度、更换图片、裁切图片等。用鼠标右键单击图片，在弹出的快捷菜单中选择"裁切"命令，如图 8-10 所示。

步骤 04 弹出"图片裁切"对话框，设置裁切形状、裁切比例及裁切位置，然后单击"确定"按钮，即可裁切图片，如图 8-11 所示。

图8-10 选择"裁切"命令

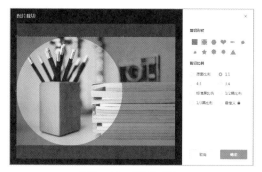

图8-11 图片裁切

步骤 05 在 H5 页面中插入图片后，还可以在"组件设置"面板的"边框"选项下设置图片的边框样式，如边框尺寸、边框颜色、边框弧度等，如图 8-12 所示。

步骤 06 在"阴影"选项下，可以为图片添加阴影效果，如图 8-13 所示。

图8-12 设置图片边框样式

图8-13 添加阴影效果

步骤 07 在页面左侧选择"元素模板"选项，将鼠标指针置于"图片"分类上，在弹出的列表中选择"多图"选项，然后选择需要的图片模板，即可将其插入 H5 页面中，如图 8-14 所示。

步骤 08 选中图片，在"模板设置"面板中可以设置模板中各元素的样式。用鼠标右键单击图片模板，在弹出的快捷菜单中选择"拆分"命令，可以将图片模板拆分为各个元素，如图 8-15 所示。

图8-14　插入多图模板　　　　　　　　　图8-15　拆分模板

8.1.4　背景编辑

在易企秀 H5 编辑器中，上传图片和背景被合并到一个素材库，用户可以设置图片背景或纯色背景，具体操作方法如下。

步骤 01 在组件栏中单击"背景"按钮▨，打开"图片库"页面，选择需要的图片素材，如图 8-16 所示。

步骤 02 对背景图片进行裁切，然后单击"确定"按钮，如图 8-17 所示。

图8-16　选择图片素材　　　　　　　　　图8-17　裁切图片

步骤 03 此时，即可应用页面背景图片。在右侧选择"页面属性"选项卡，可以对背景图片进行裁切、删除和更换操作，如图 8-18 所示。

步骤 04 单击"删除图片"按钮，删除背景图片，然后设置纯色背景，如图 8-19 所示。

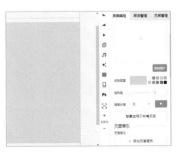

图8-18　设置图片背景　　　　　　　　　图8-19　设置纯色背景

在设置页面背景时，还可以调整页面背景透明度，为页面背景添加动画，以及将背景应用于所有的H5页面。需要注意的是，在H5页面中插入背景图片后，只能裁剪图片，无法调整图片大小。要设置页面背景，还可在页面中插入图片，调整图片大小并裁剪图片，然后将其置于底层。

8.1.5　形状编辑

要在H5中添加形状，需要从形状库中选择要添加的形状，H5中的形状常用于为文字设置超链接或制作页面背景动画，具体操作方法如下。

步骤01 在组件栏中单击"形状"按钮，打开"形状库"页面，选择需要的形状即可，如图8-20所示。需要注意的是，在形状库中没有线条形状，可以插

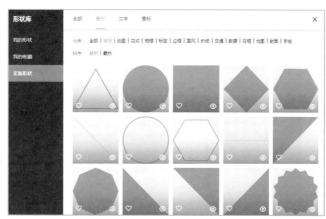

图8-20　"形状库"页面

入正方形形状后将其拖曳成线条，并根据需要设置其颜色。

步骤02 在H5编辑器中为文字设置链接后，由于文字过小，不方便进行点击，此时可以插入形状并将其置于文字的下一层，如图8-21所示，然后在"功能设置"选项下为形状添加链接。

步骤03 此外，还可以将形状置于文字的上一层，并将形状设置为透明，然后在形状上添加链接，如图8-22所示。

图8-21　为形状添加链接

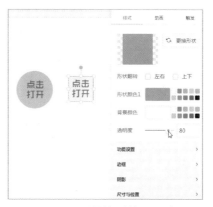

图8-22　调整形状透明度

步骤 04 在页面中插入矩形形状并复制多个，然后选中形状，在"动画"选项卡下依次为形状添加"向上移出"或"向下移出"动画，并设置各形状动画的延迟时间，如图 8-23 所示。在设置延迟时间时，建议每个元素形状播放时间为 0.1~0.2 秒，这样就能实现背景渐变的效果。

步骤 05 在工具栏中单击"刷新预览"按钮▶，查看形状背景动画效果，如图 8-24 所示。完成动画制作后，可以选中所有形状并用鼠标右键单击，在弹出的快捷菜单中选择"组合"命令，将其组合为一个整体，并在"图层管理"选项卡下锁定该组合。

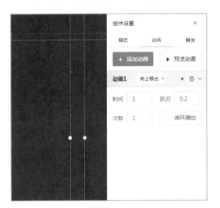

图8-23　为形状添加动画

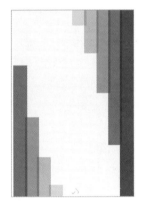

图8-24　形状背景动画效果

8.1.6　添加音乐

在 H5 中添加合适的背景音乐，可以让用户一打开场景就有震撼的听觉冲击，很有代入感。在易企秀 H5 编辑器中可以为整个 H5 场景添加背景音乐，也可以为单独的 H5 页面添加背景音乐，具体操作方法如下。

步骤 01 在工具栏中单击"音乐"按钮♬，打开"音乐库"页面。选择所需的背景音乐，也可单击左下方的"手机上传"按钮，通过手机上传音乐；或者单击"上传音乐"按钮，通过本地计算机上传音乐，如图 8-25 所示。

图8-25　"音乐库"页面

步骤 02 自定义上传的音乐格式必须是 MP3 格式，且文件大小要小于 10MB。上传完成后，可以在"我的音乐"选项下看到。选择音乐，然后单击"确定"按钮，如图 8-26 所示。还可以单击"裁切"按钮 ✂，对音乐进行裁剪操作。

图8-26　选择音乐

步骤 03 设置场景音乐后，在编辑区右侧的工具栏中单击"音乐"按钮，可以更换或删除场景音乐，如图 8-27 所示。

步骤 04 若要为单个 H5 页面添加背景音乐，可以选择"页面属性"选项卡，单击"添加页面音乐"按钮，添加的音乐只对当前页面有效，如图 8-28 所示。

图8-27　更换或删除音乐

图8-28　为单个H5页面添加音乐

8.1.7　页面设置

在编辑区右侧可以对 H5 页面进行属性设置、图层管理和页面管理，具体操作方法如下。

步骤 01 在工具栏中单击"网格"按钮 ⊞，在弹出的面板中可以设置开启网格显示，并设置网格颜色、网格密度、智能参考和吸附效果等，如图 8-29 所示。

步骤 02 单击"手机边框"按钮 🔲，可以在编辑页面添加或隐藏手机边框，如图 8-30 所示。

图8-29　开启网格显示

图8-30　设置手机边框

步骤 03 在"页面属性"选项卡下可以为页面应用滤镜，并添加滤镜动画，还可以进行翻页设置，如禁止滑动翻页、自动翻页等，如图 8-31 所示。

步骤 04 选择"图层管理"选项卡，可以对页面中的各元素进行多种操作，如选中、重命名、调整顺序、锁定、分组、复制、删除等，如图 8-32 所示。

图8-31　"页面属性"选项卡

图8-32　"图层管理"选项卡

步骤 05 选择"页面管理"选项卡，可以编辑 H5 场景中的各个页面。用鼠标右键单击某个页面，在弹出的快捷菜单中可以选择"新建常规页""编辑标题""复制页面""删除页眉""存为我的模板"命令，如图 8-33 所示。若要调整页面的排列顺序，可以长按并拖动页面。在下方单击"长页面"按钮，将新建一个长页面，用户可以拖动页面调整其长度，最长相当于 10 个常规页面的长度。

步骤 06 将页面保存为模板后，可以在左侧模板栏中选择"单页模板"选项，然后选择"我的"选项卡，即可查看保存的页面模板，如图 8-34 所示。由于无法将易企秀商城中 H5 模板中的页面直接复制到正在编辑的 H5 中，此时可以将其"存为我的模板"，然后在 H5 编辑器的"单页模板"中找到并使用它。

图8-33　"页面管理"选项卡

图8-34　查看保存的模板

8.1.8　使用特效

使用"特效"组件可以为H5场景中的某个页面添加特殊效果，易企秀中的"特效"组件包括涂抹、指纹、环境、渐变、重力感应和砸玻璃等，具体操作方法如下。

步骤01 在组件栏或工具栏中单击"特效"按钮✦，打开"页面特效"页面，选择所需的特效并设置参数，然后单击"确定"按钮即可。例如，选择"指纹"选项卡，然后设置背景图片和指纹图片，如图8-35所示。

步骤02 选择"环境"选项卡，然后选择环境图片，并设置环境氛围的强度，如图8-36所示。

图8-35　设置"指纹"特效

图8-36　设置"环境"特效

8.1.9　使用动画

在制作H5时，为页面中的文字、图片等元素添加动画可以使页面呈现动态效果，增加场景的互动性和视觉的多样性。为页面元素添加动画的具体操作方法如下。

步骤01 选中图片，在"组件设置"面板中选择"动画"选项卡，单击"添加动画"按钮，如图8-37所示。

步骤 02 选择"进入"动画分类,选择所需的动画效果,如"向左移入",如图 8-38 所示。

图8-37 添加动画　　　　　　　　　　图8-38 选择动画效果

步骤 03 设置动画时间、延迟时间、次数、循环播放、匀速播放、恒透明度等参数,如图 8-39 所示。

步骤 04 采用同样的方法,可以为文本添加动画。设置文本动画时,可以添加"通用动画"或"文字动画",如在"动画"选项卡下单击"文字动画"按钮,然后选择需要的动画,如图 8-40 所示。

图8-39 设置动画参数　　　　　　　　图8-40 为文本添加动画

8.1.10 使用触发

为 H5 页面中的元素添加触发效果,可以使其在页面中隐藏,当点击触发对象后显示隐藏的元素,具体操作方法如下。

步骤 01 若页面元素较多,为了便于区分,可以对被触发的对象进行重命名。选中文本,选择"图层管理"选项卡,双击元素名称并进行重命名,例如,将其重命名为"答案 1",如图 8-41 所示。

步骤 02 选中图片，在"组件设置"面板中选择"触发"选项卡，单击"添加触发"按钮，如图8-42所示。

图8-41　重命名页面元素

图8-42　添加触发

步骤 03 选择触发条件，在此选择"点击"选项，如图8-43所示。

步骤 04 在"目标对象"下拉列表中选择被触发的元素，当鼠标指针置于该元素选项上时，在页面中将凸显该元素，如图8-44所示。

图8-43　选择触发条件

图8-44　选择目标元素

步骤 05 弹出提醒信息框，单击"设为隐藏"超链接，将目标对象设置为隐藏，如图8-45所示。也可以选中目标对象后，在"触发"选项卡下选中"隐藏"复选框。

图8-45　设置隐藏元素

图8-46　添加触发元素

步骤 06 继续在"目标对象"下拉列表中选择目标元素，在此选择"新文本3"选项，如图8-46所示。当预览页面时，点击图片将显示"答案"文本，并隐藏下方的提示文本（即"新文本3"元素）。

8.2 使用易企秀H5编辑器组件

易企秀 H5 编辑器中的组件为 H5 场景制作提供了强大的功能支持，例如，使用"地图"组件可以在场景中添加地址导航，使用"电话"组件可以实现一键拨号等。下面将详细介绍常用组件、基础组件、高级组件、微信组件与 AI 组件的使用方法。

8.2.1 使用常用组件

在易企秀 H5 编辑器中，常用组件主要包括"视频"组件、"外链视频"组件、"图集"组件和"链接"组件。

1. "视频"组件

视频比文字和图片更加直观，例如，在 H5 中通过视频可以帮助企业更好地展示公司文化和产品特色等。在易企秀 H5 编辑器中，可以在页面中插入本地视频或外链视频，具体操作方法如下。

步骤01 将鼠标指针置于组件栏的"组件"按钮上，将显示组件列表，在"常用组件"中单击"视频"按钮，如图 8-47 所示。

步骤02 此时，即可在页面中插入视频组件，如图 8-48 所示。在"组件设置"面板中单击"添加视频"按钮。

图8-47　选择组件

图8-48　插入视频组件

步骤03 打开"视频库"页面，选择视频库中的视频，即可将其插入页面中，如图 8-49 所示。单击左下方的"本地上传"按钮，可以上传计算机中的视频。需要注意的是，视频支持的格式为 MP4 格式，每个视频大小不能超过 30MB。

步骤04 在上方选择"视频模板"选项，可以通过使用并编辑视频模板快速生成视频，如图 8-50 所示。单击左下方的"在线制作"按钮，可以打开视频编辑页面，在线制作视频。

图8-49　"视频库"页面

图8-50　选择视频模板

步骤 **05** 在左侧选择"我的视频"选项，即可看到上传的视频，单击"立即使用"按钮，即可插入视频素材。单击"操作"按钮，选择"裁切"选项，如图 8-51 所示。

图8-51　选择"裁切"选项

步骤 06 弹出"视频裁切"对话框，通过调整起始时间和结束时间滑块裁切视频，然后单击"确定"按钮，如图 8-52 所示。

图8-52　裁切视频

2. "外链视频"组件

如果要上传的视频比较大，可以先将其上传到腾讯视频，然后在 H5 页面中插入"外链视频"组件，具体操作方法如下。

步骤 01 打开腾讯视频播放页面，将鼠标指针置于"分享"超链接上，在弹出的面板中单击"复制通用代码"按钮，如图 8-53 所示。

步骤 02 返回 H5 编辑页面，在组件列表中单击"外链视频"按钮 🔳，弹出"外链视频组件"对话框，将腾讯视频的通用代码复制到文本框中，然后单击"上传封面"按钮上传视频封面，最后单击"确定"按钮，即可插入外链视频，如图 8-54 所示。

图8-53　复制腾讯视频通用代码

图8-54　插入外链视频组件

3. "图集"组件

若要在页面中插入一系列图片进行轮播展示，可以在页面中插入"图集"组件。一个"图集"组件最多支持 20 张图片，用户可以自定义图片的切换方式和切换动画，具体操作方法如下。

步骤 01 在组件列表中单击"图集"按钮 🖼，即可在页面中插入图集组件。在"组件设置"面板中选择第1种图集风格，然后添加照片，设置切换方式为"自动"，调整切换时间，选择切换动画，如图8-55所示。

步骤 02 若选择其他类型的图集风格，将在图集上显示标题和描述文字，用户可以在"组件设置"面板中修改标题和描述文字并设置其格式，也可关闭"标题"和"描述"功能，如图8-56所示。

图8-55　选择图集风格

图8-56　添加图集标题和描述文字

4."链接"组件

在H5页面中使用"链接"组件可以实现H5场景内部页面跳转、外部链接跳转，以及拨打电话的功能，增加场景的互动效果。使用链接组件的具体操作方法如下。

步骤 01 在组件列表中单击"链接"按钮 🔗，即可插入链接按钮。在"组件设置"面板中修改按钮名称，在"链接地址"文本框中粘贴网址，如图8-57所示。

步骤 02 在"点击跳转"下拉列表框中选择"跳转页面"选项，在"场景页面"下拉列表框中选择要跳转的页面即可，如图8-58所示。

图8-57　插入"链接"按钮

图8-58　链接到场景页面

8.2.2　使用基础组件

在易企秀 H5 编辑器中，基础组件主要包括"电话"组件、"音效"组件、"计数"组件和"统计"组件。

1．"电话"组件

使用"电话"组件可以在 H5 场景中添加电话号码，当用户点击"电话"组件时将直接跳转手机拨号键盘拨打设置的电话号码，具体操作方法如下。

步骤 01 在组件列表中单击"电话"按钮 📞，即可在页面中插入"拨打电话"按钮。在"组件设置"面板中设置按钮名称、按钮颜色、文字颜色等，在"手机 / 电话"文本框中输入电话号码，如图 8-59 所示。需要注意的是，电话号码中不能带有符号，如"-"，输入纯数字的电话号码即可。为了防止在手机上无法点击拨打电话，可以将"电话"组件置于顶层。

步骤 02 在页面中插入"电话"组件后，还可以将"拨打电话"按钮替换为图片。在"组件设置"面板中单击"自定义"按钮，然后更换图片即可，如图 8-60 所示。

图8-59　插入"电话"组件

图8-60　更换按钮图片

2．"音效"组件

使用"音效"组件可以在 H5 场景中添加音效按钮，用户点击音效按钮即可听到自定义的音效，具体操作方法如下。

步骤 01 在组件列表中单击"音效"按钮 🔊，即可在页面中插入"仔细听"音效按钮。在"组件设置"面板中设置按钮名称、按钮颜色、文字颜色等，然后添加需要的音效，如图 8-61 所示。

步骤 02 单击"自定义"按钮，可以将音效按钮更换为图片，如图 8-62 所示。

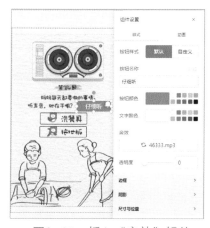

图8-61　插入"音效"组件

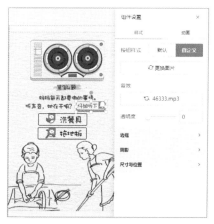

图8-62　更换按钮图片

3．"计数"组件

在制作 H5 场景时，通过添加"计数"组件可以实现喜欢、顶起、送花或投票功能。在"组件设置"面板中可以选择需要的按钮图标，如图 8-63 所示。这样就能根据浏览量测算出喜欢用户的百分比，了解用户的痛点，从而更有针对性地制作 H5 场景。

图8-63　插入"计数"组件

4．"统计"组件

添加"统计"组件后，可以实时查看 H5 场景的浏览量。H5 场景中会显示眼睛图标，场景访问量是多少，预览时就会显示多少。若场景访问量超过 1 万，将不再显示具体数字，而是以"万"为计数单位，如"1.5 万"。

8.2.3 使用高级组件

在易企秀 H5 编辑器中, 高级组件主要包括"计时"组件、"地图"组件、"二维码"组件、"日期"组件、"快闪"组件、"点击截图"组件、"画板"组件、"投票"组件、"随机事件"组件和"动态数字"组件。

1. "计时"组件

在使用 H5 进行推广活动时,可以使用"计时"组件,当活动开始或活动结束时,场景中会显示计时,具体操作方法如下。

步骤 01 在组件列表中单击"计时"按钮,即可在页面中插入"计时"组件。在"组件设置"面板中设置截止时间、文本格式、显示文本、显示精度等,如图 8-64 所示。

步骤 02 预览当前页面,即可看到"计时"组件效果, 如图 8-65 所示。当计时结束后, 将显示所设置的"显示文本"。

图8-64 插入"计时"组件

图8-65 "计时"组件效果

2. "地图"组件

在 H5 场景中插入"地图"组件,可以实现地址的快速导航,具体操作方法如下。

步骤 01 在组件列表中单击"地图"按钮🗺,即可在页面中插入地图。在"组件设置"面板中搜索地理位置,地图中就会快速定位到相应的位置。也可以输入地址名称,在预览时单击"去这里"按钮进行导航,如图 8-66 所示。在手机上预览 H5 场景时,点击"去这里"按钮,将出现地图选项(如高德地图、百度地图或腾讯地图),选择任一选项, 即可进入导航。

步骤 02 在"地图样式"选项中单击"按钮"按钮,将地图设置为按钮样式,并设置按钮样式,如图 8-67 所示。

图8-66　插入"地图"组件

图8-67　设置地图按钮样式

3."二维码"组件

易企秀中的"二维码"组件可以将链接网址生成二维码图片。在组件列表中单击"二维码"按钮▓，然后输入网址，即可自动生成二维码。开启"显示 logo头像"功能，可以在二维码中添加 Logo 图片，如图 8-68 所示。若要上传已有的二维码图片，可以单击"手动上传"按钮，然后上传图片。

4."日期"组件

在 H5 场景中插入"日期"组件，可以显示当前的日期，该日期会随浏览时间自动更新。在组件列表中单击"日期组件"按钮▓，即可添加当前日期。复制"日期"组件，然后在"组件设置"面板中设置类型为"星期"，即可显示星期几，如图 8-69 所示。

图8-68　插入"二维码"组件

图8-69　插入"日期"组件

5. "快闪"组件

使用"快闪"组件可以在 H5 场景中添加多幕，在每一幕中都可以制作动画效果，以迅速吸引用户的眼球，具体操作方法如下。

步骤 01 在组件列表中单击"快闪"按钮✦，即可开启快闪功能，在"页面管理"选项卡下可以看到快闪页面左上方显示的"快闪"字样快闪，原来的"图层管理"选项卡变为"快闪"选项卡，如图 8-70 所示。

步骤 02 选择"快闪"选项卡，选择"第 1 幕"，在页面中插入动态图片，并调整图片大小，如图 8-71 所示。

图8-70 插入"快闪"组件

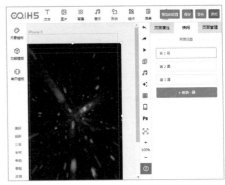

图8-71 插入动态图片

步骤 03 选中图片，在"组件设置"面板中选择"动画"选项卡，单击"删除"按钮⬜，删除默认的动画，如图 8-72 所示。

步骤 04 在页面中插入三个文本组件，输入文本并设置字体格式。选中上方的文本，在"组件设置"面板中为文本添加"向下翻滚"进入动画和"向上移出"退出动画，并设置动画参数，如图 8-73 所示。

图8-72 删除默认动画

图8-73 插入文本并添加动画

步骤 05 选中中间的文本，在"组件设置"面板中为文本添加"中心放大"进入动画和"放大退出"退出动画，并设置动画参数，如图 8-74 所示。

步骤 06 选中下方的文本，在"组件设置"面板中为文本添加"向上翻滚"进入动画和"向下移出"退出动画，并设置动画参数，如图 8-75 所示。

图8-74　设置文本动画

图8-75　设置文本动画

步骤 07 单击"复制"按钮 复制多幕，并修改文本，如图 8-76 所示。

步骤 08 单击"停留时间"按钮，再单击"自定义"按钮，设置第 1 幕的停留时间为 4 秒，如图 8-77 所示。同样，设置其他各幕的停留时间均为 4 秒。

图8-76　复制多幕

图8-77　设置每幕的停留时间

步骤 09 要使快闪页面播放完毕后自动进入下一页面，可以选择"页面属性"选项卡，开启"自动翻页"功能，并设置翻页时间为各幕停留时间的总和，如图 8-78 所示。

图8-78　设置自动翻页

6．"点击截图"组件

在组件列表中单击"点击截图"按钮🔗，即可插入该组件，可以更改该组件的名称或风格，还可以自定义图片。在 H5 场景中插入"点击截图"组件后，在手机微信环境下预览 H5 页面，点击"点击截图"按钮，可以对当前页面内容进行截图，然后用手指长按截图，在弹出的菜单中设置将图片保存到手机相册。

例如，在图 8-79 所示的 H5 场景中，中间为滚动变换的文字图片，点击"确认运势"按钮，即可进行截图，效果如图 8-80 所示。

图8-79 "点击截图"组件

图8-80 点击截图效果

7．"画板"组件

在 H5 场景中插入"画板"组件后，在手机上浏览 H5 时即可在画板上进行画图。将 H5 转发给微信好友后，好友就可以看到上一位朋友画的图。使用"画板"组件的具体操作方法如下。

步骤 01 在组件列表中单击"画板"按钮🖌️，即可在页面中插入"画板"组件。在"组件设置"面板中设置画笔尺寸、画笔颜色、画板内容等，在此设置背景颜色为透明色，如图 8-81 所示。

步骤 02 设置完成后，在手机微信环境下浏览 H5 时点击画笔按钮🖌️，即可进行画图。画图完毕后，点击"完成"按钮即可，如图 8-82 所示。

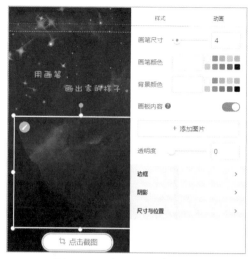

图8-81　插入"画板"组件

图8-82　"画板"组件效果

8．"投票"组件

在H5场景中添加"投票"组件，可以对设置的文字或图片进行投票。在微信中打开H5，预览该页面并进行投票后，就可以直接看到以百分比形式显示的投票结果，而无须在数据后台进行查看。使用"投票"组件的具体操作方法如下。

步骤 01 在组件列表中单击"投票"按钮◨，即可在页面中插入"投票"组件。输入投票标题，选择"图片投票"类型，然后单击❶或❷按钮增加或删除选项。若开启"多项选择"功能，则可以多选。在"选项设置"中添加图片并输入描述，如图 8-83 所示。

步骤 02 在"功能设置"中开启"截止时间"功能，并设置截止时间，如图 8-84 所示。

图8-83　插入"投票"组件

图8-84　设置截止时间

步骤 03 当作品发布后，用户在微信环境下浏览 H5 场景时，进行投票，如图 8-85 所示，选中图片右上方的选择按钮，然后点击"提交"按钮。

步骤 04 此时，将显示投票结果，如图 8-86 所示。一个微信号只能投一次票，当再次浏览该页面时，将显示"你已投票"字样。

图8-85　微信投票

图8-86　显示投票结果

9. "随机事件"组件

随机事件就是设置某个事物触发随机产生不同结果，企业可以利用随机事件开展趣味营销。在易企秀中使用"随机事件"组件的具体操作方法如下。

步骤 01 在组件列表中单击"随机事件"按钮，即可在页面中插入"随机事件"组件。设置随机类型为"文本"，在下方添加随机文本选项，并设置字体格式，如图 8-87 所示。

步骤 02 在页面中插入文本组件，在"组件设置"面板中选择"触发"选项卡，选择目标元素为"随机事件 1"，设置"显示"元素，如图 8-88 所示。设置完成后预览页面，当点击文本组件时，就会显示随机文本。

图8-87　插入"随机事件"组件

图8-88　添加触发条件

10．"动态数字"组件

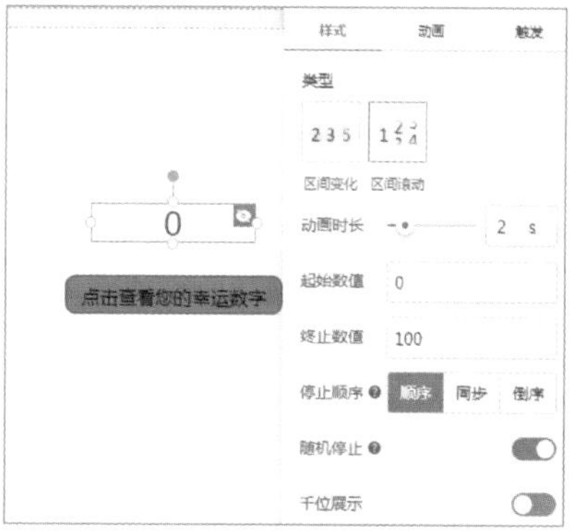

使用"动态数字"组件可以生成一组数字的动态变化。在组件列表中单击"动态数字"按钮[12]，在"组件设置"面板中选择类型，设置动画时长和数值区间等参数。使用"动态数字"组件还可以生成随机数，按照前面介绍的方法为组件添加触发条件，并开启"随机停止"功能即可，如图8-89所示。

图8-89　插入"动态数字"组件

8.2.4　使用微信组件

在H5场景中添加微信组件，可以增加场景的互动性和参与感，增强场景的体验乐趣，更有利于场景的分享和传播。目前，易企秀提供了微信头像、声音、照片、照片墙等组件。

1．"头像"组件

使用"头像"组件可以在微信中预览H5场景时，获取浏览者或分享者的微信头像及昵称，可用于活动邀请等场景。使用"头像"组件的具体操作方法如下。

步骤 01 在组件列表中单击"头像"按钮⊕，将在H5场景中添加"微信头像"和"微信昵称"两个组件，用户可以根据需要删除其中一个组件或者同时保留。选中"微信昵称"组件，在"组件设置"面板中选择"昵称类型"，并输入文字内容，如图8-90所示。

步骤 02 选中"微信头像"组件，在"组件设置"面板中选择头像类型，并设置边框样式，如图8-91所示。

图8-90　设置"微信昵称"组件

图8-91　设置"微信头像"组件

2．"声音"组件

在 H5 中添加"声音"组件后，预览者在微信中预览该页面时，可以录制自己的声音并分享给下一个人，可用于新年祝福传递等 H5 场景，声音的保存时间为 3 天。使用"声音"组件的具体操作方法如下。

步骤 01 在组件列表中单击"声音"按钮🎤，即可在页面中插入"微信声音"组件。选中组件，在"组件设置"面板中设置背景颜色、边框、动画等，如图 8-92 所示。

步骤 02 使用微信浏览 H5 场景，可以看到自己的微信昵称和头像，长按"按住说话"按钮录制声音，点击声音按钮🔊播放录制的声音，如图 8-93 所示。

图8-92　插入"声音"组件

图8-93　添加"声音"组件效果

3．"照片"组件

添加"照片"组件后，预览者在微信中预览该页面时，可以点击该图片，进行图片替换，替换后将 H5 分享给下一个人。当下一个人打开 H5 后将看到分享者替换的图片，从而增强用户的参与感。浏览者上传的图片在 15 天后会被清空，清空后显示默认的图片。使用"照片"组件的具体操作方法如下。

步骤 01 在组件列表中单击"照片"按钮🖼，即可在页面中插入"照片"组件，在"组件设置"面板中设置样式和动画，如图 8-94 所示。

步骤 02 在"按钮样式"选项中单击"自定义"按钮，即可上传默认的照片，如图 8-95 所示。

图8-94　插入"照片"组件

图8-95　设置默认照片

4．"照片墙"组件

在组件列表中单击"照片墙"按钮 ，即可在页面中添加"照片墙"组件。用户可以在"组件设置"面板中设置头像行数、头像边框、背景颜色等，如图 8-96 所示。在微信上预览场景时，将展示最近浏览者的微信头像，默认显示 3 行头像，每行 8 个头像，最多展示 24 位最近的浏览者。

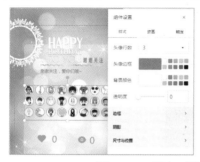

图8-96　添加"照片墙"组件效果

8.2.5　使用AI组件

在易企秀 H5 编辑器中，AI 组件目前包括"自说字画"和"立体魔方"两个组件，下面将介绍其使用方法。

1．"自说字画"组件

"自说字画"组件可以将音频识别为文字，并自动生成文字动画，使 H5 场景更加炫酷。使用"自说字画"组件的具体操作方法如下。

步骤 01 在组件列表中单击"自说字画"按钮 ，即可在页面中插入"自说字画"组件。在"组件设置"面板中单击"添加音频"按钮，如图 8-97 所示。

步骤 02 此时，即可打开"音乐库"页面，可以上传音频文件进行文字识别，也可以设置将文字转换为音频。在此单击"字转成音"按钮，如图 8-98 所示。

图8-97　插入"自说字画"组件

图8-98　"音乐库"页面

步骤 03 在文本框中输入文本，输入音频标题，选择变声类型，并设置"语速""音量""音高"等参数，单击"播放"按钮▶试听音频，设置完成后单击"确定"按钮，如图 8-99 所示。

步骤 04 生成音频后，在"我的音乐"选项下选择音频文件，单击"立即使用"按钮，如图 8-100 所示。

图8-99 设置"字转成音"

图8-100 选择音频文件

步骤 05 稍等片刻，即可将音频中的语音生成文字动画，在"文字校验"选项下修改识别错误的文本，然后选择动画风格，如图 8-101 所示。

步骤 06 设置文本字体格式，添加背景图片，并设置透明度，如图 8-102 所示。

图8-101 文字校验

图8-102 添加背景图片

2. "立体魔方"组件

"立体魔方"组件用于图片展示，它类似于"图集"组件，但展示效果更加多样化。使用"立体魔方"组件可以制作更加炫酷的 H5 场景，具体操作方法如下。

步骤 01 在组件列表中单击"立体魔方"按钮📦，选择"立体魔方"风格，并添加图片（最多可添加 6 张图片），设置播放速度，如图 8-103 所示。

步骤 02 将魔方风格更改为"旋转木马"，效果如图 8-104 所示。

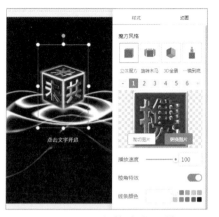

图8-103　"立体魔方"效果

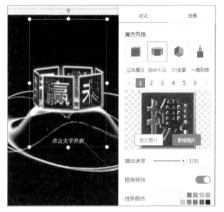

图8-104　"旋转木马"效果

步骤 03 同样，根据需要采用"3D全景"和"一镜到底"魔方风格，效果如图 8-105 和图 8-106 所示。

图8-105　"3D全景"效果

图8-106　"一镜到底"效果

8.3　使用易企秀H5编辑器表单

　　表单能够帮助企业或商家获得用户的联系方式并收集用户的信息，在制作企业招聘、活动邀请等 H5 场景时都会用到表单。将鼠标指针置于组件栏中的"组件"按钮上，将显示表单组件列表，如图 8-107 所示。需要注意的是，使用表单组件时，需要添加"提交"按钮，这样才可以将数据提交到后台。

图8-107　表单组件列表

8.3.1 使用常用表单组件

在易企秀表单中，常用表单主要包括联系人、输入框、提交按钮、短信验证和留言板，下面将介绍使用常用表单组件添加表单。

1. "联系人"和"输入框"表单组件

"联系人"表单组件是一组快捷表单收集框，包括"姓名""电话"和"邮箱"三个输入框组件，当"联系人"表单无法满足收集要求，则可以在"表单"列表中选择"联系人"组件，具体使用方法如下。

步骤 01 在"表单"列表中单击"联系人"按钮，即可在页面中插入"联系人"组件。在"输入类型"下拉列表中可以选择表单类型，并输入文本，如图8-108所示。如果输入框中是"姓名""电话"和"邮箱"信息，则选择相应的输入类型即可，如果是其他信息，则选择"文本"输入类型。

步骤 02 在"组件设置"面板中设置输入框的文字颜色、背景颜色、边框等样式，然后在"表单"列表中单击"输入框"按钮，再添加一个输入框并设置样式，如图8-109所示。

图8-108 插入"联系人"组件

图8-109 设置组件样式

2. "提交按钮"表单组件

在场景中添加表单后，接着添加"提交"按钮，具体操作方法如下。

步骤 01 在"表单"列表中单击"提交按钮"按钮，即可插入"提交"按钮。在"组件设置"面板中设置按钮样式、按钮名称、按钮颜色、文字颜色，输入提示文本，在"提示类型"下拉列表中选择"上图下文"选项，如图8-110所示。

步骤 02 添加需要的提示图片，如图8-111所示。

图8-110　设置"提交按钮"组件

图8-111　添加提示图片

步骤 03 此时,在预览表单页面时,单击"提交"按钮,将显示提示图片和提示文本,如图 8-112 所示。

步骤 04 在"功能设置"选项下开启"截止时间"功能,设置截止时间,如图 8-113 所示。若开启"添加外链"功能,可以在提交表单后显示提示信息,点击跳转访问指定的链接地址。

图8-112　提交表单效果

图8-113　设置截止时间

3. "短信验证"表单组件

短信验证功能用于验证输入的手机号是否真实有效,该功能是需要付费的,可以在易企秀中点击购买。当短信条数不足时,短信验证码将发送失败。在"表单"列表中单击"短信验证"按钮,即可插入"短信验证"组件,在"组件设置"面板中可以设置输入框颜色、文字颜色等样式,如图 8-114 所示。

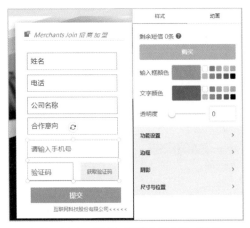

图8-114　设置"短信验证"组件

4．"留言板"表单组件

在制作 H5 场景时，可以通过添加"留言板"表单组件，了解浏览者的观看意见和评论，增加场景的互动性。通过浏览者反馈的信息，设计师还可以了解用户的需求和痛点。使用"留言板"表单组件的具体操作方法如下。

步骤 01 在"表单"列表中单击"留言板"按钮💬，即可插入"留言板"组件。在"组件设置"面板中选择"便签风"留言板风格，效果如图 8-115 所示。

步骤 02 选择"弹幕风"留言板风格，效果如图 8-116 所示。在预览 H5 场景时，单击🖊按钮可以输入与提交留言，单击 按钮可以打开或关闭弹幕。

图8-115　"便签风"留言板风格

图8-116　"弹幕风"留言板风格

8.3.2　使用基础表单组件

在易企秀 H5 表单组件中，基础表单组件主要包括"单选""多选""下拉列表""评分"和"上传附件"等组件。

1. "单选"表单组件

单选按钮用于在一系列选项中选择唯一的项目。在"表单"列表中单击"单选"按钮 ✔，即可在页面中插入"单选"表单组件。在"组件设置"面板中单击 ➕ 或 ➖ 按钮添加或删除选项。若要隐藏标题，可以设置主题颜色和标题颜色透明。在"功能设置"选项下打开"设为必填"功能，可以将该组件设置为必填项，若用户在填写表单时没有选择该选项，表单将无法提交，如图 8-117 所示。

2. "多选"表单组件

多选按钮用于在一系列选项中选择多个项目。在"表单"列表中单击"多选"按钮 ✔，即可在页面中插入"多选"表单组件。在"组件设置"面板中选择"单选"或"多选"模式，可以迅速切换单选或多选类型，如图 8-118 所示。

图8-117 插入"单选"表单组件

图8-118 插入"多选"表单组件

3. "下拉列表"表单组件

使用"下拉列表"表单组件可以通过点击来选择项目，适合选项较多的内容。使用"下拉列表"表单组件的具体操作方法如下。

步骤 01 在"表单"列表中单击"下拉列表"按钮 ☰，在"组件设置"面板中设置占位文本，并添加选项，如图 8-119 所示。

步骤 02 在浏览 H5 时，点击下拉列表，在弹出的下拉列表中选择项目，效果如图 8-120 所示。在易企秀 H5 编辑器中，下拉列表中最多可以添加 50 个项目。

图8-119　插入"下拉列表"组件　　　图8-120　"下拉列表"组件效果

4．"评分"表单组件

在"表单"列表中单击"评分"按钮★，即可在页面中添加"评分"组件，对 H5 场景内容进行打分。在"组件设置"面板中可以设置评分标题、按钮图标、图标颜色等，如图 8-121 所示。完成评分并提交后，在后台可以看到评分数据。

5．"上传附件"表单组件

"上传附件"表单组件用于收集图片，在填写表单时，可以点击连接到手机相册，上传手机相册中的图片。上传图片后，需要点击"提交"按钮，才能将收集的图片上传提交到后台。

在"表单"列表中单击"上传附件"按钮⬆，在"组件设置"面板中设置标题、背景颜色、边框等，如图 8-122 所示。若要上传 Word、Excel、PDF 等类型的文件，可以在易企秀易表单中进行操作。

图8-121　插入"评分"组件　　　图8-122　插入"上传附件"组件

8.3.3　使用高级表单组件

在易企秀 H5 编辑器中，可以使用高级表单组件插入简单的数据图表，包括饼状图、柱状图、折线图和曲面图。在"表单"列表中单击"饼状图"按钮 ⬤，然后在"组件设置"面板中设置标题、图例、标识颜色等，如图 8-123 所示，单击"编辑表单数据"按钮可以更改数据和图例颜色。采用同样的方法，插入"柱状图"组件，或者在"图表类型"下拉列表中更改图表类型，如图 8-124 所示。

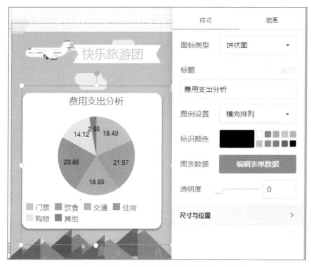

图8-123　设置"饼状图"组件

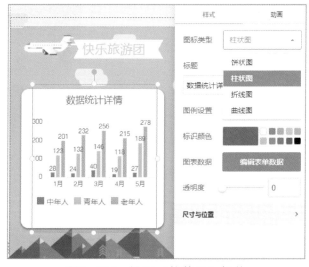

图8-124　设置"柱状图"组件

目前，"柱状图""折线图"和"曲面图"的列表项无法删除或者增加，只能显示默认列表项。若要对图表数据进行更多的编辑操作，可以将图表以图片的方式添加到页面中，或者使用易企秀"长页"中的易图表。

课后习题 ↓

1. 在易企秀H5编辑器中，使用矩形形状制作页面背景动画，效果如图 8-125 所示。

2. 在易企秀H5编辑器中，上传"素材文件\第 8 章\录音 .png、播放 .png"图片，然后使用图片、文本、形状、声音组件和照片组件制作一个H5留言页面，效果如图 8-126 所示。

图8-125　页面转场动画

图8-126　H5留言页面

第 9 章

H5制作实战

使用易企秀制作H5

学习目标

- ➤ 掌握翻页型H5的制作方法。
- ➤ 掌握长页型H5的制作方法。
- ➤ 掌握表单型H5的制作方法。
- ➤ 掌握互动型H5的制作方法。

　　使用易企秀 H5 制作工具，无须掌握复杂的编程技术，通过对模板进行文本、图片的替换，或者对页面进行简单的编辑操作，即可轻松地制作H5。本章将通过几个典型案例学习如何使用易企秀制作多种类型的 H5。

9.1 实战案例——企业宣传与邀请函翻页型H5的制作

翻页型 H5 由多个图文信息页面组成，通过翻页等简单的交互操作，达到类似幻灯片的传播效果。下面通过制作企业宣传 H5 和邀请函 H5 案例来详细介绍翻页型 H5 的制作方法。

9.1.1 制作企业宣传H5

下面使用易企秀商城中的模板制作企业宣传 H5，展示企业形象与优势，进行企业推广和招商引资。

1. 选择并设置模板

下面将介绍如何使用易企秀商城中的模板，并对模板进行基本设置，如设置封面、翻页方式、更改背景音乐等，具体操作方法如下。

步骤01 在易企秀模板商城找到所需的翻页型 H5 模板并将其打开，单击"立即使用"按钮，如图 9-1 所示。

步骤02 在弹出的提示信息框中单击"立即使用"按钮，如图 9-2 所示。

图9-1 选择翻页型H5模板

图9-2 单击"立即使用"按钮

步骤03 进入编辑页面，在右上方单击"预览和设置"按钮，如图 9-3 所示。

步骤04 在打开的页面中更换封面，输入标题与描述，选择"卡片"翻页方式，选中"显示页码"复选框，然后单击"保存"按钮，如图 9-4 所示。

步骤05 在组件栏中单击"音乐"按钮♫，打开"音乐库"页面，选择需要的背景音乐，然后单击"立即使用"按钮，如图 9-5 所示。

图9-3　单击"预览和设置"按钮

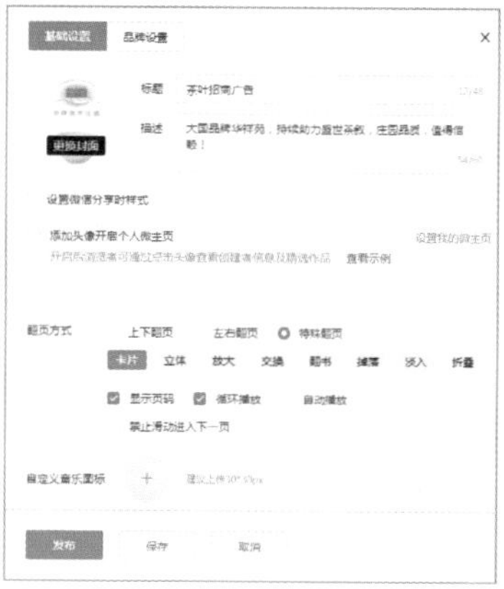

图9-4　设置场景

2．制作H5首页

下面介绍在模板背景动画的基础上插入图片和文字，制作H5首页，具体操作方法如下。

步骤01 在"页面管理"选项卡下用鼠标右键单击"第1页"，在弹出的快捷菜单中选择"删除页面"命令，删除该页面，如图9-6所示。

步骤02 用鼠标右键单击"第4页"，在弹出的快捷菜单中选择"复制页面"命令，复制该页面，如图9-7所示。

图9-5　添加背景音乐

图9-6　删除页面

图9-7　复制页面

步骤 03 将复制的页面向上拖至第 1 页，并修改页面标题为"打开页"，如图 9-8 所示。

步骤 04 在编辑区删除各内容元素，只保留底层的形状动画，如图 9-9 所示。

图9-8 调整页面顺序

图9-9 删除内容元素

步骤 05 在组件栏中单击"图片"按钮，打开"图片库"页面，单击"本地上传"按钮，上传本地计算机中的图片，然后选择上传的图片，如图 9-10 所示。

步骤 06 此时，即可将图片插入页面中。在工具栏中单击"手机边框"按钮，显示手机边框，根据需要调整其大小，如图 9-11 所示。

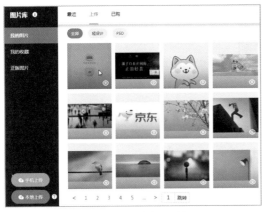

图9-10 选择图片

图9-11 插入图片和手机边框

步骤 07 选中图片，打开"组件设置"面板，选择"动画"选项卡，添加"缩小进入"动画，并设置"延迟"时间为 1.4 秒，如图 9-12 所示。

步骤 08 在页面中插入文本组件，输入文本，在"组件设置"面板中设置文本的字体、字号、文字颜色、加粗、字距等格式，如图 9-13 所示。

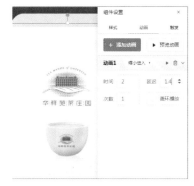

图9-12　设置图片动画

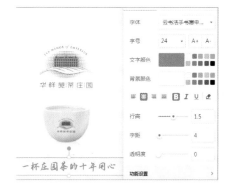

图9-13　添加文本并设置格式

步骤 ⑨ 选中文本，选择"动画"选项卡，为文本添加"向左移入"动画，设置"延迟"时间为2秒，如图9-14所示。

步骤 ⑩ 按【Ctrl+C】组合键复制文本，按【Ctrl+V】组合键粘贴文本。在"动画"选项卡下，将"向左移入"动画改为"向右移入"动画，并为复制的文本添加"放大退出"文字动画，选中"循环播放"复选框，然后单击"正序"按钮，如图9-15所示。设置完成后，将复制的文本与下方的文本进行对齐。

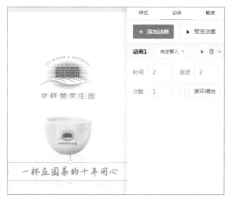

图9-14　设置文字动画

3．制作快闪页面

下面利用模板中"快闪"页面的图片和文本动画效果制作片头动画，需要对"快闪"页面的每一幕进行修改，具体操作方法如下。

步骤 ① 在"页面管理"选项卡下选择"快闪"选项，然后选择"快闪"选项卡下的"第1幕"，如图9-16所示。

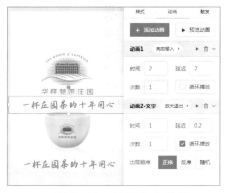

图9-15　设置文字动画

图9-16　选择"第1幕"

步骤 02 在编辑区中选中图片，单击"更换图片"按钮，如图 9-17 所示。

步骤 03 打开"图片库"页面，上传并选择图片，如图 9-18 所示。

步骤 04 对图片进行裁切，选中"标准屏比例"单选按钮，然后调整裁剪框，单击"确定"按钮，如图 9-19 所示。

步骤 05 在"样式"选项卡下调整"透明度"为 50，如图 9-20 所示。"第 1 幕"修改完成后，采用同样的方法更换其他各幕中的图片与文字，并删除不需要的快闪页面。

步骤 06 选择"页面属性"选项卡，打开"禁止滑动翻页"功能，强制用户看完快闪页面，如图 9-21 所示。

图9-17　单击"更换图片"按钮

图9-18　上传并选择图片

图9-19　裁切图片

图9-20　调整透明度

图9-21　设置页面属性

4．使用模板页面并进行修改

下面对 H5 模板中所需的页面进行文本和图片更换，并对页面进行简单的编辑与调整，具体操作方法如下。

步骤 ⓿1 打开模板的第3页，根据需要更换文本与图片，如图9-22所示。

步骤 ⓿2 在页面中插入图片，用于替换原有图片，在"组件设置"面板中设置图片"边框弧度"为36.5，如图9-23所示。

步骤 ⓿3 用鼠标右键单击页面中的原有图片，在弹出的快捷菜单中选择"复制动画"命令，如图9-24所示。

图9-22　更换模板中的文本和图片

图9-23　设置图片边框弧度

图9-24　复制动画

步骤 ⓿4 用鼠标右键单击替换图片，在弹出的快捷菜单中选择"粘贴动画"命令，如图9-25所示。

步骤 ⓿5 删除原有图片，将替换图片移至合适的位置，如图9-26所示。

图9-25　粘贴动画

图9-26　移动图片位置

步骤 06 采用同样的方法，对模板中的文本、图片和动画效果进行更改，如图 9-27 所示。

图9-27　修改模板文本和图片

步骤 07 新建常规页，将需要的页面元素从其他页面中复制到本页面中，然后在下方插入文本和形状，如图 9-28 所示。在同一个 H5 场景中，可以在各页面之间进行页面元素的复制与粘贴，不同的 H5 场景则无法进行复制操作。

步骤 08 在页面中插入"图集"组件，选择图集风格，添加图集图片并设置图集样式，如关闭"标题"，如图 9-29 所示。

图9-28　新建常规页

图9-29　插入图集

步骤 09 在联系方式页面中插入"电话"组件,在"组件设置"面板中输入电话号码,设置"按钮名称",如图9-30所示。

步骤 10 选择"动画"选项卡,添加"中心弹入"进入动画和"放大抖动"强调动画,如图9-31所示。

图9-30 插入"电话"组件 图9-31 设置动画效果

步骤 11 在最后一页中插入二维码图片,在"组件设置"面板中为图片添加动画效果,如图9-32所示。

步骤 12 在页面中插入"链接"组件,在"组件设置"面板中设置组件样式,并输入链接地址,如图9-33所示。

图9-32 插入二维码图片 图9-33 插入"链接"组件

5．制作长页面

如果一个页面中要展示的信息超出了一个常规页的范围，此时可以使用长页面，使H5场景更加连贯和完整，具体操作方法如下。

步骤 01 在"页面管理"选项卡下单击"长页面"按钮,插入一个长页面,如图9-34所示。

步骤 02 选择要使用的模板页面，按【Ctrl+A】组合键全选页面元素，按【Ctrl+C】组合键进行复制，如图 9-35 所示。

图9-34　新建长页面

图9-35　复制页面元素

步骤 03 切换到长页面，按【Ctrl+V】组合键粘贴页面元素，拖动页面下方的控制柄，调整页面的长度，如图 9-36 所示。

步骤 04 根据需要修改页面中的文本和图片，如图 9-37 所示。

图9-36　粘贴元素

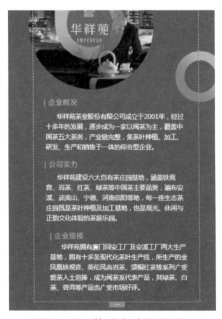

图9-37　修改文本和图片

步骤 05 在长页面中选中超出常规页的元素，在"动画"选项卡下设置其"延迟"时间为 0，如图 **9-38** 所示。

步骤 06 在长页面中，如果背景形状没有铺满页面，可以在"图层管理"选项卡下解锁背景图形，然后调整形状大小，如图 **9-39** 所示。

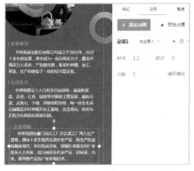
图9-38　设置动画延迟时间

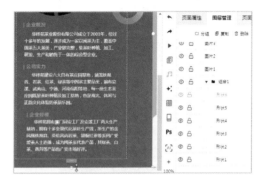
图9-39　解锁背景图形并调整

步骤 07 新建一个长页面，并复制其他页面中的元素到该页面中，如图 **9-40** 所示。

步骤 08 新建一个常规页，在左侧选择"单页模板"选项，在"我的"选项卡下选择要使用的模板，如图 **9-41** 所示。

图9-40　新建长页面

图9-41　选择模板

步骤 09 在页面中选中要复制的元素，然后按【Ctrl+C】组合键进行复制，如图 **9-42** 所示。

步骤 10 选择长页面，按【Ctrl+V】组合键粘贴元素，并修改文本颜色，如图 **9-43** 所示。

图9-42　复制元素

图9-43　粘贴元素

步骤 ⑪ 根据需要修改文本和图片，如图 9-44 所示。

步骤 ⑫ 选中超出常规页的元素，在"动画"选项卡下重新设置延迟时间，如图 9-45 所示。

图9-44　修改文本和图片

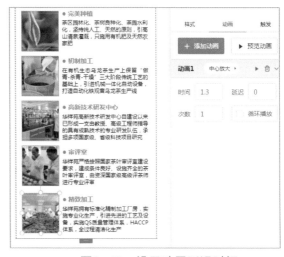

图9-45　设置动画延迟时间

9.1.2　制作邀请函H5

易企秀提供了海量的邀请函模板，如会议邀请、新品发布邀请、婚礼邀请、活动邀请、招商邀请等。选择合适的邀请函模板，并进行简单的修改，即可轻松制作邀请函 H5，具体操作方法如下。

步骤 01 在易企秀模板商城找到所需的 **H5** 模板并将其打开，然后单击"立即使用"按钮，如图 9-46 所示。

步骤 02 进入编辑页面，单击右上方的"预览和设置"按钮，在打开的页面中更换封面，输入标题和描述，如图 9-47 所示。

图9-46　选择模板　　　　　　　　图9-47　输入标题和描述

步骤 03 选择模板的第 1 页，修改其中的图片和文本，如图 9-48 所示。

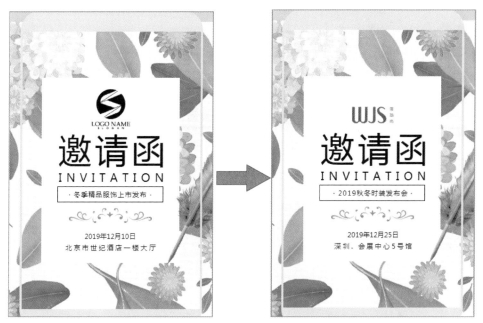

图9-48　编辑首页

步骤 04 选择"会议流程"页面，删除图片，并修改文本，如图 9-49 所示。

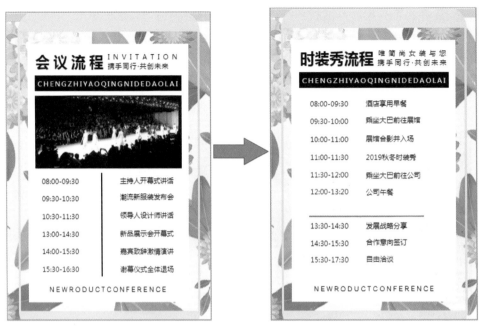

图9-49 编辑"会议流程"页面

步骤 05 修改"品牌简介"页面中的图片和文本，然后选中文字，在"组件设置"面板中为文本添加"翻开进入"文字动画，设置动画参数，如图 9-50 所示。

步骤 06 再插入一张图片，并将其覆盖到原图片之上。在"动画"选项卡下添加"淡入"进入动画和"闪烁"强调动画，并设置动画参数，制作两张图片轮播显示效果，如图 9-51 所示。

图9-50 设置文本动画

图9-51 设置图片动画

步骤 07 复制模板页并编辑内容，为标题文本添加"中心放大"进入动画，为内容文本添加"翻开进入"文字动画，如图 9-52 所示。

步骤 08 插入并裁切图片，设置"裁切比例"为 1∶1，然后单击"确定"按钮，如图 9-53 所示。

图9-52　编辑模板

图9-53　裁切图片

步骤 09 在"组件设置"面板中设置图片的"边框弧度"为 60.5，如图 9-54 所示。

步骤 10 在页面中插入圆形形状，调整形状透明度，设置形状颜色与图片背景颜色相同。在"组件设置"面板中添加"向右移入"进入动画和"倾斜摆动"强调动画，然后用鼠标右键单击形状，在弹出的快捷菜单中选择"下移"命令，如图 9-55 所示。

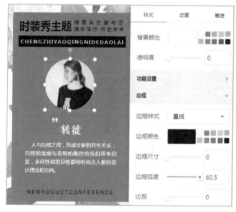

图9-54　设置图片边框弧度

图9-55　插入形状并设置动画

步骤 11 在"新品展示"页面中插入"图集"组件，在"组件设置"面板中选择图集风格，插入图片，关闭"标题"功能，输入描述文字，如图 9-56 所示。

步骤 12 在"联系我们"页面中插入艺术字和图片，并编辑文本。插入"地图"组件，在"组件设置"面板中搜索地址，设置地图样式为"按钮"，如图 9-57 所示。

图9-56　插入并编辑图集　　　　　　　图9-57　编辑"联系我们"页面

步骤 ⑬ 在"新品展示"页面中插入"留言板"组件，并将其风格设置为"弹幕风"，设置完成后效果如图9-58所示。

步骤 ⑭ 在页面中插入一个动图，在"组件设置"面板中添加"翻开消失"退出动画，使动图展示完毕后显示"活动报名"页面，如图9-59所示。

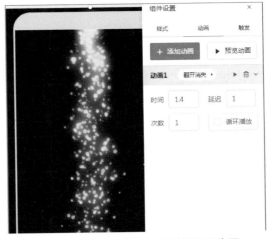

图9-58　插入"留言板"组件　　　　　　图9-59　插入动图并设置动画

9.2　实战案例——企业招聘长页型H5的制作

　　长页型H5，又称单页型H5，用户只需滑动页面就能在短时内浏览全部信息。相比于翻页型H5，长页面H5在浏览体验上更有沉浸感，便于用户在快速阅读环境下获取更多的有效信息。下面介绍如何制作一个企业招聘长页型H5，具体操作方法如下。

步骤 01 在易企秀模板商城找到所需的长页型 H5 模板并将其打开，然后单击"立即使用"按钮，如图 9-60 所示。

步骤 02 进入长页编辑页面，删除不需要的组件。选中图片，在"图片"选项卡下单击"裁切图片"按钮，如图 9-61 所示。

图9-60　选择长页型H5模板

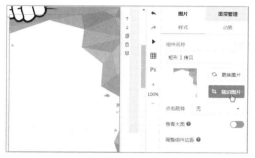

图9-61　单击"裁切图片"按钮

步骤 03 裁切图片，然后单击"确定"按钮，如图 9-62 所示。

步骤 04 选中页面中不需要的叠加层元素，单击"删除"按钮 🗑，如图 9-63 所示。

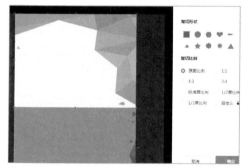

图9-62　裁切图片

图9-63　删除叠加层元素

步骤 05 选中叠加层素材，单击"叠加"按钮 ⊗，如图 9-64 所示。

步骤 06 此时叠加层变为普通层，先将图片移至场景外备用，如图 9-65 所示。

图9-64　单击"叠加"按钮

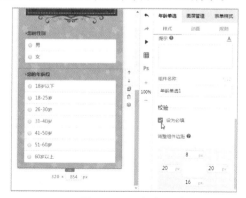

图9-65　移动图片

步骤 07 在页面中插入"文本"组件，输入文本并设置格式，单击"叠加"按钮 ◈ ，取消其叠加层属性，将其变为普通层，如图 9-66 所示。

步骤 08 将文本移至合适的位置，然后采用同样的方法插入 Logo 图片，如图 9-67 所示。

图9-66　插入文本

图9-67　插入Logo图片

步骤 09 在页面左侧选择"元素模板"选项，在"文本"类别下单击"标题"超链接，然后选择需要的标题模板，如图 9-68 所示。在浏览元素模板时，若找到了可能要使用的模板，可以先将其插入页面中，然后将其移至场景外备用。

步骤 10 采用前面介绍的方法，将模板更改为普通层，用鼠标右键单击标题模板，在弹出的快捷菜单中选择"解散元素模板"命令，如图 9-69 所示。

图9-68　插入标题模板

图9-69　解散元素模板

步骤 11 修改文本并设置文本格式，如图 9-70 所示。

步骤 12 在"元素模板"选项的"文本"类别下选择段落文本模板，如图 9-71 所示。

图9-70　输入文本并设置格式

图9-71　插入"段落文本"模板

步骤 ⑬ 解散段落文本元素模板并修改文本，如图 9-72 所示。

步骤 ⑭ 在页面中继续插入标题和段落文本模板并修改，制作"招聘岗位"内容，如图 9-73 所示。

图9-72　编辑段落文本

图9-73　制作"招聘岗位"内容

步骤 ⑮ 在页面中继续插入并修改模板，制作"发展历程""员工福利"和"公司环境"等内容，如图 9-74 所示。

图9-74　制作其他内容

步骤 ⑯ 选择长页模板页面中原有的表单模板，用鼠标右键单击表单模板，在弹出的快捷菜单中选择"拆分"命令，如图 9-75 所示。

步骤 ⑰ 在页面左侧选择"易表单"选项，然后单击"单下拉框"按钮，如图 9-76 所示。

图9-75　拆分表单模板

图9-76　选择表单元素

步骤⑱ 此时即可在页面中插入"下拉列表"表单组件，单击"叠加"按钮 ◈，取消其叠加层属性，如图9-77所示。

步骤⑲ 在右侧选择"下拉列表"选项卡，删除标题文本，设置"下拉列表"选项，并输入默认文案，如图9-78所示。

步骤⑳ 选择"表单样式"选项卡，设置表单样式，并设置"尺寸弧度"为0，如图9-79所示。

步骤㉑ 将"下拉列表"组件移至表单组合中，然后采用同样的方法插入"应聘职位"下拉

图9-77　插入"下拉列表"组件

列表组件。在"提交"按钮下方插入形状和文本，选中形状，在右侧选择"形状"选项卡，在"点击跳转"下拉列表框中选择"拨打电话"选项，在"手机/电话"文本框中输入手机号码，如图9-80所示。

图9-78　设置"下拉列表"组件

图9-79　设置表单样式

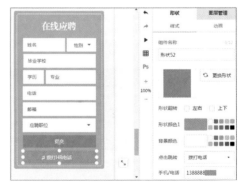

图9-80　添加文本并设置点击跳转

步骤 ㉒ 选择所有表单内容，在"多选属性"选项卡下单击"生成组合"按钮，将其进行组合，如图9-81所示。

步骤 ㉓ 在页面下方修改联系方式，将前面第6步备份的图片置于文本下层，如图9-82所示。

图9-81　组合表单内容

图9-82　编辑联系方式

步骤 ㉔ 选中页面最上方的图片，设置"组件名称"为"图层top"，如图9-83所示。

步骤 ㉕ 复制一幅Logo图片，在"图片"选项卡下"点击跳转"下拉列表框中选择"页面位置"选项，在"跳转位置到"下拉列表框中选择"图层top"选项，然后打开"固定当前组件位置"功能，如图9-84所示。

图9-83　设置组件名称

图9-84　设置Logo图片样式

步骤 ㉖ 用鼠标右键单击Logo图片，在弹出的快捷菜单中选择"置顶"命令，如图9-85所示。这样当预览长页时，Logo图片将固定在该位置，单击Logo图片将跳转到页面顶部。

步骤 ㉗ 在页面空白位置单击，然后在右侧选择"长页设置"选项卡，更换封面，输入标题与描述，并添加音乐，如图9-86所示。

图9-85　置顶Logo图片

图9-86　设置长页

9.3 实战案例——调查问卷表单型H5的制作

易表单是 H5 的一种表现形式，主要用于制作问卷调查、趣味测试、在线报名等 H5 作品，偏向于数据性的内容收集。下面介绍使用易表单制作调查问卷H5，具体操作方法如下。

步骤01 打开易企秀"我的作品"页面，在上方单击"易表单"超链接，然后单击"空白创建"按钮，如图 9-87 所示。

步骤02 在弹出的对话框中选择表单类型，在此单击"问卷"类型下方的"空白创建"按钮，如图 9-88 所示。

图9-87 单击"空白创建"按钮

图9-88 选择表单类型

步骤03 进入易表单编辑页面，插入图片组件，在"长页设置"选项卡下设置背景颜色，然后单击"叠加纹理"按钮，如图 9-89 所示。

步骤04 打开"图片库"页面，选择纹理图片，如图 9-90 所示。

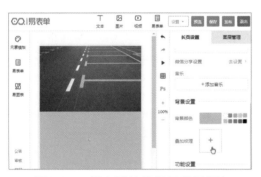

图9-89 插入图片并设置背景颜色

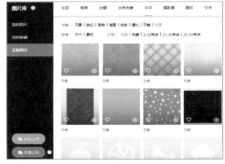

图9-90 选择纹理图片

步骤05 分别设置"纹理尺寸"和"透明度"选项，如图 9-91 所示。

步骤06 在页面中插入标题模板和段落文本模板，并修改模板，如取消叠加层，拆分模板元素。选中文本，在"新文本"选项卡下添加"打字机"动画，并设置"延迟"时间为 3.5 秒，如图 9-92 所示。

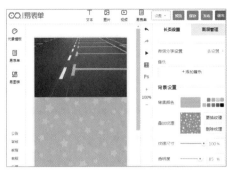

图9-91　设置叠加纹理

图9-92　设置文字动画

步骤⑦ 在页面上方单击"易表单"按钮，打开"批量添加题型"页面，选中要添加的题型，然后单击下方的"添加2题至作品"按钮，如图9-93所示。

步骤⑧ 此时，即可在表单中添加题型。选中"您的年龄段"单选题，在"年龄单选"选项卡下进行选项设置，如图9-94所示。

图9-93　批量添加题型

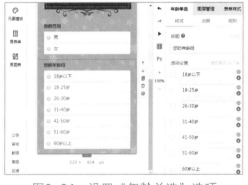

图9-94　设置"年龄单选"选项

步骤⑨ 在"年龄单选"选项卡下选中"设为必填"复选框，将该题设置为必答题，在题目左侧将显示"*"标记，如图9-95所示。

步骤⑩ 在页面左侧选择"易表单"选项，然后选择需要添加到表单中的题型，如"多项选项"，如图9-96所示。

图9-95　设置必答题

图9-96　添加题型

步骤 ⑪ 在表单中选中题目，在"单选框"选项卡下输入提示文字，如图 9-97 所示，并设置文本颜色。

步骤 ⑫ 在右侧"长页设置"选项卡下更换封面，输入标题和描述，并添加音乐。单击页面右上方的"设置"下拉按钮，选择"导入文本"选项，如图 9-98 所示。

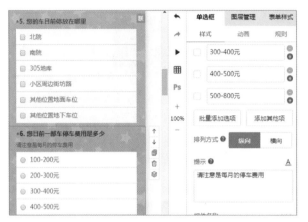

图9-97　设置题目提示文字　　　　图9-98　选择"导入文本"选项

步骤 ⑬ 打开"导入数据"页面，将要添加的题目文本粘贴到文本框中，在左侧预览效果，然后单击"生成表单"按钮，如图 9-99 所示。导入题目时，应在每道题后添加题型标识。题目导入完成后，还应对题目内容进行错误检查。

步骤 ⑭ 在表单中插入"多行文本""上传文件""提交"按钮等组件，在右侧选择"表单样式"选项卡，设置表单格式，如图 9-100 所示。

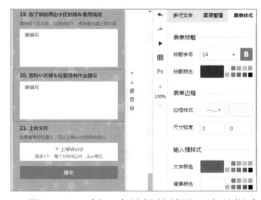

图9-99　导入题目　　　　图9-100　插入表单组件并设置表单样式

步骤 ⑮ 选中第 5 题，在"复选框"选项卡下选择"规则"选项卡，然后选择"设置关联规则"选项，如图 9-101 所示。

步骤 ⑯ 在"关联题目 1"下拉列表框中选择第 4 题的题目，然后选择多个选项，当选择这些选项中的任意一个时，当前题目才会出现，如图 9-102 所示。

图9-101　选择规则

图9-102　设置关联规则

步骤①⑦ 在表单中选中第1个题目，在右侧"动画"选项卡下设置"向上移入"动画效果，如图9-103所示。设置完成后，可用鼠标右键单击该题目，选择"复制动画"命令，然后将复制的动画效果粘贴到其他题目中。

步骤①⑧ 单击页面右上方的"设置"下拉按钮，选择"表单规则"选项，在打开的页面中设置填写限制规则，如"只能通过微信提交""收集500条数据后关闭表单"，然后单击"保存"按钮，如图9-104所示。

图9-103　设置动画效果

图9-104　设置表单规则

9.4　实战案例——翻牌游戏互动型H5的制作

易企秀互动型H5是一款线上营销工具，具有抽奖和游戏功能，需要在微信端打开才能进行抽奖，中奖后将在后台显示中奖数据。下面介绍使用易企秀制作用于活动营销的翻牌游戏H5，具体操作方法如下。

步骤①① 在易企秀模板商城找到所需的互动型H5模板并将其打开，然后单击"立即使用"按钮，如图9-105所示。

步骤①② 进入编辑页面,在右侧选择"基础设置"选项卡,设置活动名称、活动时间、活动说明和分享描述等,并更换封面图片,如图9-106所示。

图9-105　选择互动型H5模板　　　　　　图9-106　基础设置

步骤 03 在左侧选择"活动首页"选项，单击"添加音乐"按钮，如图9-107所示。

步骤 04 打开"音乐库"页面，搜索并选择所需的背景音乐，然后单击"立即使用"按钮，如图9-108所示。

步骤 05 若要替换H5模板中的图片，可以上传本地图片，还可以使用易企秀的"轻设计"工具快速设计图片。在易企秀商城搜索"轻设计"模板，选择需要的模板，如图9-109所示。

步骤 06 进入"轻设计"编辑页面，单击右上方的"编辑"下拉按钮，选择"更改尺寸"选项，如图9-110所示。

图9-107　添加音乐

图9-108　选择背景音乐

图9-109　选择"轻设计"模板

图9-110　选择"更改尺寸"选项

步骤 07 按照要求设置图片的尺寸，然后单击"确定"按钮，如图9-111所示。

步骤 08 根据需要对页面进行简单的编辑，然后单击右上方的"导出"下拉按钮，选择"导出作品"选项，如图9-112所示。

图9-111　设置图片尺寸大小

图9-112　选择"导出作品"选项

步骤 09 在打开的页面中单击"导出到图片库"超链接，将作品保存到易企秀账号的图片库中，如图9-113所示。

步骤 10 采用同样的方法，使用"轻设计"工具制作"开始按钮"图片，如图9-114所示。

图9-113　导出到图片库

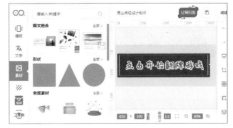

图9-114　制作"开始按钮"图片

步骤 11 切换到H5编辑页面，单击"替换"按钮，如图9-115所示。

步骤 12 打开"图片库"页面，选择使用"轻设计"工具制作的图片，如图9-116所示。采用同样的方法，继续替换"开始按钮"图片。

图9-115　替换图片

图9-116　选择图片

步骤⑬ 替换图片后，查看活动首页效果，如图 9-117 所示。

步骤⑭ 在页面左侧选择"游戏页面"选项，根据需要替换其中的图片，如图 9-118 所示。

图9-117　查看活动首页效果

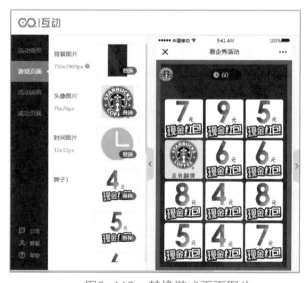

图9-118　替换游戏页面图片

步骤⑮ 在页面右侧选择"分享设置"选项卡，设置按钮名称，并更换二维码图片，如图 9-119 所示。至此，翻牌小游戏 H5 制作完成，单击页面右上方的"保存"按钮进行保存。

步骤⑯ 单击页面右上方的"预览"按钮预览 H5，或者在微信公众号中扫描二维码进行预览，如图 9-120 所示。

图9-119　分享设置

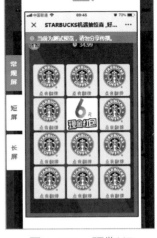

图9-120　预览H5

课后习题 ↓

1. 打开易企秀模板商城，在上方选择 H5 选项，然后搜索并选择简历模板，利用"素材文件\第9章\简历.docx"中的文案信息制作一份简历 H5。

2. 打开易企秀模板商城，在上方选择"长页"选项，然后搜索并选择招生模板，利用"素材文件\第9章\招生.docx"中的文案信息制作一份招生长页 H5。

3. 打开易企秀模板商城，在上方选择"易表单"选项，在打开的页面中选择"问卷调查"应用场景，选择自己喜欢的模板，利用"素材文件\第9章\问卷.docx"中的文案信息制作有关垃圾分类的调查问卷 H5。

第10章

推广引流

优质渠道诱发H5
裂变式传播

🔍 **学习目标**

◤ 掌握通过微信推广H5的方法。

◤ 掌握通过App推广H5的方法。

◤ 掌握通过新媒体平台推广H5的方法。

◤ 掌握通过线下活动推广H5的方法。

　　H5作为一种新型的营销工具，逐步成为移动端推广引流的标配，它既是企业对外宣传的窗口，也是与客户进行交流的平台，可以帮助企业更好地推广品牌、产品或服务，提高企业产品线上与线下的销量，吸引大量潜在用户的关注。H5的推广渠道很多，包括微信好友、微信群、微信朋友圈、App广告、线下活动及二维码等。本章主要介绍如何通过各种优质渠道更精准、更有效地推广H5，实现裂变式传播。

10.1　微信推广引流

　　H5 不仅需要创意引导，还需要推广做支撑，所以企业或商家要考虑 H5 的推广渠道和引流方法。微信是基于腾讯生态体系的社交生态圈，拥有超过十亿的用户量，是一个超级巨大的流量洼地。如何有效开发微信生态圈中的精准活跃用户，是目前众多企业关注的焦点，而利用 H5 实现裂变式传播是一种有效的途径。

　　下面将介绍如何通过微信好友、微信群和朋友圈推广 H5。

10.1.1　通过微信好友推广H5

　　从最初的图文展示到动效展示，再到互动分享，一系列的完美蜕变使 H5 成为众多商家或企业的营销利器。追溯 H5 成功营销的根源，在于点击浏览和转发分享。H5 通过微信中用户与用户之间的关系链自发传播与分享，短时间内就可以轻而易举地获取大量有价值的流量，帮助商家或企业进行品牌与产品的宣传曝光，实现营销目的，获得丰厚的回报。

　　企业或商家通过微信好友推广 H5，需要以用户思维为中心，凭借打动用户实现 H5 的分享与传播。设计师想要创作出能够打动人心的 H5，需要深度挖掘 H5 的价值点，根据企业品牌的形象定位及受众特性进行设计，在情感上与用户产生共鸣，让用户觉得这个产品是有趣、有价值的，用户才会主动转发分享。

　　人们往往更愿意尝试新鲜事物，拥有独特创意的 H5 更容易满足他们对新鲜感的追求，设计师在 H5 设计中加入刺激性的创意元素，有利于点燃用户的参与热情，满足他们的好奇心，激发其分享的动力，最终实现裂变式传播。

　　下面将介绍如何将 H5 分享给微信好友，方法如下。

步骤 01　打开 H5 页面，点击右上角的 … 按钮，在展开的操作菜单中点击"好友"按钮，如图 10-1 所示。

步骤 02　进入"选择"界面，可以在"最近聊天"列表中选择一位微信好友，然后点击"分享"按钮；也可以点击"多选"按钮，选择多位微信好友，然后点击"分享"按钮，即可将 H5 同时转发给多位好友，如图 10-2 所示。

步骤 03　微信好友接收到 H5 文件，直接点击 H5 链接，即可打开 H5 页面进行浏览，参与互动，或者分享到朋友圈，如图 10-3 所示。

　　通过微信好友推广 H5，其实就是把微信好友当成客户，这种角色定位源于信任，因为信任微信好友才愿意分享转发，这是微信营销的最大特色之一。

图10-1 点击"好友"按钮　　图10-2 同时转发给多位好友　　图10-3 好友分享H5

10.1.2 通过微信群推广H5

微信群营销是当下热门的营销模式之一，它把一群志同道合、有着相同价值观的群友聚集在一起，在H5营销过程中有利于目标客户的集结和信息的精准推送。

通过微信群推广H5时，首先需要选择与微信群定位相匹配的H5，确定好H5主题及适合推广的H5页面风格，例如，情感类H5适宜在相应的节日（如母亲节、父亲节、情人节等）进行推送，这样能够渲染浓浓的情感氛围，从而吸引群成员的关注；其次，要根据H5主题选择适合推广的群，如同学群、同事群、吃货群、旅游群等，让H5主题与所推广群的性质保持一致，并在适宜的时间进行推送，从而达到最佳的营销推广效果。

确定好H5主题以后，选择的H5内容要与群员密切相关。在这个高度去中心化的时代，群员就是传播网络中的分散节点，而要激发这个节点，H5的内容就必须与其高度相关。此外，H5的内容要有一定的话题度，能够引起充分的讨论，这样有助于群员浏览后主动转发分享。

下面将介绍如何将H5分享到微信群，方法如下。

步骤 01 打开H5页面，点击右上角的 ··· 按钮，在展开的操作菜单中点击"微信好友"按钮，如图10-4所示。

步骤 02 进入"选择"界面，可以在"最近聊天"列表中选择相应的微信群，然后点击"分享"按钮；也可以创建新聊天，创建一个新微信群，选择好微信群后点击"分享"按钮，如图10-5所示。

步骤 03 此时，即可将H5发送到微信群中，分享给微信群友，如图10-6所示。

步骤 04 群友点击H5链接，即可打开H5页面，浏览H5内容。

图10-4　点击"微信好友"按钮　图10-5　选择微信群　图10-6　将H5分享到微信群

10.1.3　通过朋友圈推广H5

利用微信朋友圈的强大社交性可以为H5营销活动吸粉引流，但H5必须能够激发用户分享转发的动力，这些动力来源于很多方面，可以是游戏互动、参与有奖、活动优惠、积赞送礼等。

要想通过朋友圈打造爆款H5，首先，要明确H5营销活动的目的，是为了引起用户关注，吸引用户注册，还是为了提升产品或品牌的曝光率，只有明确了活动目的，才能有针对性地对H5进行推广；其次，要确定目标群体，分析受众心理，投其所好，实现H5的精准推送；最后，要设置奖项，H5营销活动往往需要利用奖励来激励用户，这样才能激发用户分享转发的动力。

企业或商家通过微信朋友圈推广H5时，需要准确把握推广的时机，借势节日热点，把控节日氛围，制造热门事件，选择用户刷朋友圈的高峰时段来集中发布，对H5进行大规模的主动宣传。这样，凭借具有吸引力的内容、贴合受众的场景和适宜的推广时机，就可以打造出爆款H5。

下面将介绍如何将 H5 分享到微信朋友圈，方法如下。

步骤 01 打开 H5 页面，点击右上角的 … 按钮，在展开的操作菜单中点击"分享到朋友圈"按钮，如图 10-7 所示。

步骤 02 进入朋友圈内容编辑界面，可以设置内容、位置和权限等，设置完成后点击"发表"按钮，如图 10-8 所示。

步骤 03 此时，即可将 H5 分享到朋友圈中，如图 10-9 所示。

图10-7　点击"分享到朋友圈"按钮

图10-8　编辑界面

图10-9　将H5分享到朋友圈

步骤 04 当朋友圈好友看到 H5 链接后，点击即可打开浏览 H5，并参与互动。

精准的 H5 营销活动能够帮助企业或商家吸引大量的粉丝，还会出现粉丝推荐给其他新用户的滚雪球效应，提升企业的知名度和用户的信任度。

需要注意的是，微信朋友圈就是交际圈，应该有选择地推广适合在朋友圈发布的 H5，且推广频率不宜过高，以免给别人造成打扰，引起好友的厌烦。

10.2　App推广引流

应用程序（Application，App）引流就是指通过定制手机软件、社交网络服务（Social Networking Services，SNS）及社区等平台上运行的应用程序，将 App 的潜在受众引入 H5 页面中的引流方式。引流的实质就是通过一切手段告知目标用户 App 的存在，并用内容或利益点引导目标用户完成下载注册。

在移动互联网时代，各种各样的 App 非常多，且用户群体非常大，用户使用频率非常高，人们对很多 App 已经形成了一种习惯性的需求，如微信、支付宝、百度地图、今日头条等都是典型的代表。移动互联网带来的人口红利，让这些 App 和基于 App 的服务成为 H5 营销不可错过的强势流量入口。

以 H5 形式为 App 引流，首先要围绕利益点展开，一般 App 可以采用补贴、免费送等方式，传播 App 并引导用户下载注册。在设置活动时，活动路径越短越好，用户参与活动的识别成本越低越好。其次是内容，商家或企业通过 H5 将 App 的核心信息传播给目标用户，用 App 本身含有的内容去吸引用户，从而引导用户下载注册。

例如，图 10-10 左图所示为网易云音乐 App 中的"发现"界面，通过页面顶端的广告位可以推广相应的 H5 活动。图 10-10 右图所示为乐堡啤酒在网易云音乐 App 投放的 H5 互动广告。

图10-10　App中的H5广告

借助于 App，可以让 H5 实现跨界传播的效果，不仅可以将 H5 内容很好地传播出去，还能让 App 和 H5 相得益彰，实现跨界共赢。

10.3　新媒体平台推广引流

随着新媒体技术的进步和移动社交的发展，H5 作为一种流行的传播载体，具有传播力强、用户体验佳的特点，相比其他营销方式更加炫酷，更有感官体验，更能够展示企业的品牌认知。H5 是基于用户为中心的一种社交传播的营销方式，可以说没有用户就没有 H5 的影响力，因此吸引用户流量是 H5 营销的生存之本。

在进行 H5 营销推广时，切不可只依赖单一的平台，要以品牌营销定位为核心，将 H5 向多个新媒体平台延伸，以此来连接和聚合粉丝情感，加强与他们的互动，从而实现高效引流。

H5 自身的多设备跨平台的特点有利于其营销传播，其发布渠道及传播阵地主要是集中在移动互联网的社交平台，例如，微信朋友圈、微博等。H5 跨平台的特性使其在传播过程中不存在技术或设备障碍，所以 H5 营销应用范围很广泛，各新闻客户端、网页版网站等平台均适用。

常见的新媒体营销平台还包括今日头条、百度百家、腾讯微信公众号、新浪微博、一点资讯、易信公众平台、搜狐公众平台、凤凰号媒体开放平台等，以及其他优秀的新媒体网站和国内新锐自媒体平台，这些都可以作为 H5 的传播渠道。

例如，德国汉莎航空公司推出的《在这里遇见改变》H5 通过微博进行推广，如图 10-11 所示；《2019 我的创作世界》H5 通过今日头条进行推广，如图 10-12 所示。

图10-11　微博推广H5

图10-12　今日头条推广H5

10.4　线下活动推广引流

线下活动，主要是针对"线上"概念而言的，内容多样化的 H5 有助于企业的品牌宣传和产品销售，线下活动同样也有利于 H5 的推广传播，线上线下形成完美闭合，就能助力企业或商家站稳市场，更好、更快地发展。

线下活动推广是一种传统的营销方式，如每遇节假日、店庆日等，线下门店都会搞各式各样的促销活动。但是，线下促销活动的工具大多会用到抽奖箱、刮刮卡、实体大转盘等，当参与人数较多时还需要客户排队等候，对于商家来说需要付出人力、物力等成本，对于客户来说也需要付出时间成本。

H5虽然属于线上平台，但同样有线下的营销方式，H5线下活动引流推广方案如图10-13所示。

新店开张	实体店促销	现场互动	节日促销
• 植入新店开张信息 • 发布活动 • 用户在游戏中注意到开业信息 • 开业时用户前往门店消费	• 设置奖品 • 发布活动 • 用户玩游戏，中奖分享 • 用户兑奖，使用抵用券消费	• 设定活动规则 • 发布活动详情 • 用户参与、分享，引领朋友到现场 • 用户现场兑奖	• 设置到场所有人都有代金券 • 发布活动公众号 • 用户玩游戏、中奖 • 用户兑奖、消费

图10-13　H5线下引流推广方案

10.5　二维码推广引流

在移动互联网时代，H5在传播上更加高效、便捷，可以引导用户参与互动、转发分享，企业或商家可以借助二维码来完成线上线下的有机融合，实现商业闭环，二维码现在已经成为连接线上线下的关键入口。

二维码可以实现线上线下互动营销，引导用户快速获取企业信息，提升品牌关注度，并带动产品或服务销售。同时，二维码也是H5内容的承载者，可以将公告、通知、消费信息等H5内容装入二维码中（见图10-14），然后在微博、微信等社交平台进行传播，让更多的用户扫描、阅读和转发。使用二维码还可以将用户直接引导到H5内容页面甚至电商平台，从而实现更全面、更广泛的传播，成为线上线下不可或缺的H5营销工具，发挥其商业价值。

图10-14　通过二维码分享H5作品

课后习题　↓

一、简答题

1. 简述 H5 的推广引流渠道。
2. 简述有哪些新媒体平台可以为 H5 推广引流。
3. 简述 H5 线下引流推广方案。

二、实操训练题

1. 请在自己喜欢的 H5 中参与互动，并转发给微信好友，然后转发到微信群，并分享到微信朋友圈。

2. 参与某商家线下活动，通过扫描商家海报二维码参与 H5 营销活动，并通过新媒体平台进行推广引流。